MINERAL UNIVERSITY

미네랄
대학

송종섭 지음

두루원출판사
http://mineral-uni.com

생명의 원소 미네랄!
성인병 대란을 풀 수 있는 열쇠 일지도 모른다

지난 2010.04.26일자 중앙일보 보도자료에 의하면 신규 암환자 등록이 2005년에 14만 2,610명, 2007년에 16만 1,920명이 등록되었고, 이런 추세라면 2015년에는 23만 5,100여 명이 될 것으로 추정되고 있어, 10년 만에 65%가량 증가할 것으로 예상된다고 국립암센터(국가암관리사업단장 박은철)는 밝혔다. 앞으로 10년 내에 인구의 절반이 죽기전에 암을 경험 할것으로 내다보고 있다.

출처 : 국립암센터

우리나라의 2009년 신생아가 43만 여명을 감안하면, 신규 암환자는 이미 신생아의 37%가 넘는다. 신규로 등록되는 고혈압, 당뇨환자의 수는 오래전에 신생아의 수를 넘어섰다.

실로 성인병 대란이다. 암 정복에 대한 듣기 좋은 뉴스는 결과적으로 공염불이 되고있다. 한 순간에 개인의 목숨과 한 가정의 행복이 쉽게 무너지는 것을 강 건너 불구경 하듯 보기에는 남의 일이 아니다. 이런 추세라면 머지않은 30년 뒤의 우리와 우리 자식들의 건강상태는 어떻게 될 것인가? 생각만 해도 끔찍한 일이다. 대책은 없는 것인가? 무엇이 잘못된 것인가?

현대의학에 의하여 주도 되어온 질병에 대한 접근방법으로는 해결책이 될 수가 없다. 갈수록 병원마다 환자들이 늘어 날 것이며, 평생 고생해서 번 돈을 병원비 내기도 부족 할 수도 있을 것이다. 건강검진을 할 때마다 혹시나 하는 두려움에 재판 받는 죄인처럼 의사의 일거수 일투족에 온 가족들의 가슴을 쓸어 내리는 공포감은 갈수록 커 질 것이다. 대부분의 현대 병들은 의사들이 해결할 수 있는 병들이 아니다. 환경의 문제, 사회구조의 문제, 생활습관의 문제로서 사회 구성원 모두가 함께 해결해야 할 과제이다.

필자는 1989년부터 지금까지 약 20년이 넘도록 BIO관련 업체에 몸 담으면서 약 400여 가지의 제품 개발에 참여해 왔으며, 직접 생산한 제품을 이용한 고객의 수가 수 백만 명에 이른다.

지난 2004년 미네랄대학(www.mineral-uni.com)을 개설하였으며, 현재 2,000여명의 회원과 함께 운영하고 있다. 미네랄대학은 필수영양소 중의 하나인 미네랄에 관한 전문사이트이다. 미네랄은 필수 영양소중의 하나 정도로 보일 수 있으나 미네랄은 현재와 미래의 복잡한 성인병 대란을 풀 수 있는 열쇠 일지도 모른다.

미네랄은 식물의 잎에서 광합성 되는 유기영양소(有機營養素:단백질, 지방, 탄수화물, 비타민)와는 달리 땅에서 물과 함께 식물의 뿌리를 통해서 흡수되는 필수 영양소이다. 미네랄은 여러 가지 원소에 의하여 만들어지는(합성)영양소가 아니라 땅속에 존재하는 원소상태의 무기영양소(無機營養素)이다. 생명은 땅속의 물과 미네랄에 의하여 살아간다. 땅속에 물이 없으면 생명이 살 수가 없듯이 미네랄이 없으면 생명은 살 수가 없다.

산업화 과정을 거치면서 만들어진 삶의 풍요로움 뒤에는 산업폐기물, 공해물질, 화학농법 등으로 생명의 땅인 토양이 죽어가고 있다. 이로 인하여 수질오염과 미네랄부족은 더 이상 생명이 살 수 없는 환경이 되어가고 있다. 수질오염과 미네랄부족의 해결 없이는 히포크라테스, 허준선생님, 노벨의학상 수상자들이 모두 살아 돌아오고, 수 많은 박사학위 논문이 쏟아져 나온들 무슨 소용이 있겠는가?

토양을 살리기 위해서는 사회 구성원 모두의 합의와 실천이 필요하다. 토양을 살리는 일이 성인병 대란을 막는 첫 단추이다. 미네랄이 풍부한 깨끗한 물이 토양을 살리고, 좋은 농작물을 생산할 수 있으며, 항생제 없이 가축을 키울 수 있다. 미네랄은 활성물질의 근본이며, 에너지를 움직이는 생명의 꼭짓점이다.

2015. 10
송 종 섭

차례

제1장   강의실

제2장   자료실

차례

제 3 장 뉴스실

차례

제4장 체험실

차례

강의실

질병[疾病, disease]
각각의 병인가?

현대의학의 발전은 비약적이고 실로 놀랍다. 그럼에도 불구하고 현재와 과거 30년을 비교해보면 환자의 수, 질병의 수가 줄어들기는 커녕 오히려 늘어만 가고 있다. 국가 암관리사업단(단장:박은철)은 앞으로 10년 내에 남자의 절반이 암에 걸릴 것으로 내다보고 있다. 질병에 대한 접근방법이 근본적으로 잘못된 것은 아닌지 의심하지 않을 수 없다. 사회의 구조적인 문제로 인한 스트레스와 운동부족, 그리고 환경오염, 화학농법, 토양의 산성화로 이어지는 영양의 불균형이 대부분 현대인들의 공통된 질병의 원인이다. 이러한 종합적인 접근방법 없이는 어느

누구도 닥쳐올 성인병 대란에 대한 해결책을 내놓을 수는 없을 것이다. 이것은 개인의 노력만으로 해결될 수 있는 일이 아니다. 모든 사회 구성원들의 합의에 의한 근본적인 대책을 국가와 함께 마련해야 한다. 또한 질병에 대한 지금까지의 접근방법을 역추적하고, 복귀해보면 무엇이 잘못된 것인가에 대한 실마리를 찾을 수 있을지도 모른다.

연도별 암 발생 추이
(보건복지부 발표)

질병은 과연 각각의 병인가?

서점마다 "병 고친다"는 책들로 넘쳐나고 있다. 그러나 자세히 책을 들여다보면 놀랍게도 서로 다른 질병임에도 불구하고 병 고치는 방법은 "다 같다"라는 사실을 알게 된다. 한 가지 질병을 얻게 되면 여러가지 병이 함께 찾아오는 경우가 대부분이다. 반면에 한 가지 병이 나아지면 다른 병도 덩달아서 호전된다.

과연 질병은 각각의 병인가? 한강에 오염물이 흘러들면 강 전체가 병들고, 맑은 물이 유입되면 강 전체가 맑아지는 것과 다를 바가 없다. 건강의 환경이 나빠지는 정도에 따라서 우리 몸의 60조의 세포는 정상적인 기능을 다하지 못하고, 비정상 세포로 변한다. 비만, 당뇨, 고혈압, 암, 피부병 등 모든 질병의 예방 방법이 다를 수 없고, 치료방법이 다를 수 없다. 비만이 해결되면 자연적으로 당뇨, 고혈압, 관절이 저절로 좋아진다. 대부분의 질병은 같은 원인에서 비롯된 비정상세포 일뿐 다른 원인일 수 없다. 같은 질병을 각각의 병으로 잘못 접근하고 있지는 않은가?

질병[疾病, disease]
허상이 아닌가?

60조의 세포는 120일을 주기(피부세포 : 28일/근육세포 : 90일/혈액 : 120일)로 흘러가는
강물처럼 매일같이 태어나고 사라지기를 반복...

인간에게 있어서 질병이란 넓은 의미에서는 정신적인 고통, 사회적인 제
반 문제, 신체의 기관별 기능장애와 사망까지를 포괄한다. 질병[疾病,
disease]이란 세포로 구성된 유기체의 신체적 기능이 비정상적
으로 된 상태를 일컫는다.

질병의 실체는 무엇인가? 질병이 실체가 아닌 허상이
라면 우리는 돈키호테가 풍차를 거인으로 잘못 판단
하여 공격하는 우스꽝스러운 일을 반복해 온 것 일
수 있다. 실상은 무엇이고? 허상은 무엇인가?

우리 몸은 60조의 세포로 구성되어 있다.

세포(細胞)는 모든 유기체의 기본구조 및 활동 단위이다.

60조의 세포는 120일을 주기(피부세포:28일/근육세포:90일/혈액:120일)로 매일같이 태어나
고 사라지기를 반복한다.

세포의 주기는 대략 120일로서, 1일 새롭게 태어나는 정상적인 세포는 약 5,000억 개이다.
5,000억 개의 정상세포는 깨끗한 샘물처럼 매일 같이 태어나고, 반대로 같은 양 만큼의 기존
의 세포는 사라지기를 반복한다. 새로 태어나는 5,000억 개의 정상적인 세포가 '실상'이고,
도태되는 5,000억 개의 늙고 병든 세포가 '허상'이라고 가정을 하고 질병에 접근해 본다면 쉽게
문제 해결의 실마리가 찾아지지는 않을까?

우리 몸의 60조의 세포는 흘러가는 강물과 같다. 한강은 하루 약 5,000만 톤의 물이 팔당댐으
로부터 유입되고, 같은 양의 물이 서해로 유출된다. 일정양의 강물이 들어오면 같은 양의 강물
은 반드시 아래로 흘러간다. 강으로 유입되는 깨끗한 5,000만 톤의 강물이 실체이고, 오염된
강물은 허상이다. 인체는 신진대사(新陳代謝:새것이 들어서고, 묵은 것이 없어지는 일)를 통
하여 새로운 건강한 세포가 들어서고, 묵은 세포가 없어지는 일을 반복한다.

한강의 역사는 오래되었지만, 그 속에 흐르는 강물은 늘 새로운 물인 것처럼 우리 몸의 세포도
마찬가지다.

질병[疾病: disease]
고칠 것인가? 밀어 낼 것인가?

병을 고칠 수 있는 사람은 아무도 없다.
그러나 건강한 세포를 채워서 병을 밀어 내는 것은 누구나 할 수 있는 일이다.

같은 병이라도 사람마다 그 병의 원인은 각기 다르다.
사람마다 각기 다른 병의 원인을 찾아낸다는 것은 실로 어려운 일이고, 원인의 해결없이 병을 고친다는 것은 더더구나 불가능한 일이다. 이는 오염원을 그대로 내버려둔 채로 강을 정화시켜 보겠다는 생각과 다르지 않다. 우리 몸은 입구와 출구가 다 열려 있는 강과 같아서 입구로 들어오는 깨끗한 물로 잘 채워주고, 관리를 잘하면 오염된 물은 출구를 통하여 저절로 빠져나가게 된다.
"병을 고치겠다"는 것은 강물을 가두어 놓고 화학약품을 사용하여 정화시켜 보겠다는 발상과 크게 다르지 않다. 화학약품을 사용하는 것은 전문가만이 할 수 있는 방법이다. 그러나 강물을 정화시키기 위한 화학약품은 또 다른 오염원일 뿐이다. "병을 밀어내겠다."는 것은 깨끗한 물로 강을 채워서 오염된 강물을 강 밖으로 밀어내는 것과 같다. 의지만 있으면 누구나 할 수 있는 일이다.

병을 밀어 내는 것은 누구나 할 수 있는 일이다.

병을 고칠 것인가? 병을 밀어낼 것인가?는 매우 중요한 목표설정이다. "병을 고치겠다."는 생각은 질병이 중심이다. 그러나 "병을 밀어내겠다."는 생각은 건강한 세포가 중심이다. 건강한 세포를 관리하는 것은 내가 하는 것이고 누구도 대신해 줄 수 없는 일이다.
최고의 명의는 나 자신이다. 질병의 원인을 나 자신보다 더 잘 아는 사람은 아무도 없다. 그러므로 질병의 원인을 제거 하는 것도 나 자신 뿐이다.
강물이 항상 그대로인 것 처럼 보이지만, 어제의 강물은 이미 저만치 흘러 가 버렸다. 우리 몸도 마찬가지이다. 병 고치겠다고 병 따라다니면 병 따라 죽을 수 밖에 없다. 질병은 허상이다. 새로 태어난 건강한 세포를 잘 관리하여 건강한 세포로 잘 채우면 질병은 저절로 밀려 나갈 수밖에 없다.

마음[心:psyche]
감사하는 마음으로 마음을 채워야 건강한 세포로 채워진다

고마운 마음(평정, 낙관, 우정, 기쁨, 자애)으로 채워야 건강한 세포로 채워지고 미워하는 마음(분노, 우울, 억압)으로 채우면 비정상세포로 채워진다. 고마운 마음으로 채우기 위해서는 "무엇에 고마워 할 것인지?" 구체적이어야 한다. 아침잠에서 깨어났을 때부터 잠이 들 때까지 한 순간, 한 순간 일어나는 모든 일에 고마운 마음을 가질 때 건강한 세포로 채워진다.

영적인 자각이나 신체의 평정을 높이는데 생활 속의 명상[冥想:meditation]이 도움이 된다. 명상은 고대부터 전 세계적으로 여러 상황에서 시행되어 왔다. 정신이나 육체를 회복하고, 일상생활을 풍요롭게 해준다. 우선 아침에 눈을 뜨면 밤새 새로 태어난 건강한 5천억개의 세포와 만남을 고맙게 생각하고 남편(부인)과 가족에게 감사하자. 식탁에서 농부에게 감사하고 차를 타면서 도로를 만든 현장사람들에게, 회사동료, 거래처, 친구들, 이 모든 소중한 만남들에게 진실로 고마워하자. 잠자리에 들면서 오늘 밤을 자고 나면 새로 태어날 5천억개의 건강한 세포와의 만남을 생각하면서 설레는 기쁜 마음을 가질 때 몸은 건강한 세포로 채워진다.

마음을 무엇으로 담을 것인가?
마음을 담을 수 있는 그릇은 하나인데 고마운 마음을 담으면 고마운 마음으로 채워 질 것이고, 미움을 담으면 미운 마음으로 채워질 수밖에 없다. 고마운 마음이 커지면, 미워하는 마음은 마음의 그릇에 머물 수가 없고 반대로 미운 마음이 강해지면 고마운 마음이 설 자리가 없다.
고마워하는 마음은 마음의 실상이고 미워하는 마음은 한낱 허상이다. 질병은 미워하는 마음이 마음을 채우고 있을 때 찾아온다.
건강의 첫 단추는 마음이다. 고마운 마음으로 채워야만 건강한 세포로 채워진다. 운동을 할 때나, 음식을 먹을 때나 늘 고마운 마음으로 생활 명상법을 실천하자. 몸의 조화나 평정이 고마운 마음과 같은 긍정적인 감정 때문에 깨지지는 않지만, 반면에 미움과 같은 부정적인 감정은 격렬하게 부딪치는 활동성 때문에 평정을 해칠 수 있다.

운동[運動, exercise]
하루 일과 중 1순위이다

운동할 때 가장 중요한 것은 운동의 종류보다 "어떤 기분으로 하느냐"이다.

운동은 하루 일과의 1순위이다.
"바쁘다"는 핑계로 운동을 게을리 하는 것은 소탐대실(小貪大失)이다.
하루 일과 중에서 운동시간을 먼저 정하고 나서, 다른 일을 정하는 것이 바른 순서이다. 남는 시간을 이용하여 운동을 하겠다는 생각은 어리석은 생각이다.
운동할 때 가장 중요한 것은 운동의 종류보다 "어떤 기분으로 운동을 하느냐"이다. 운동의 목표는 새로 태어난 건강한 세포를 위한 운동이 바람직하다. 병을 고치기 위한 운동, 살을 빼기 위한 운동은 오히려 스트레스가 될 수 있다.
운동과 함께 생활 명상법을 함께하는 것도 좋은 습관이다. 기분 좋은 운동이 건강한 세포들로 가득 채울 수 있다. 잘못된 운동습관이 비정상세포를 만든다.
질병에 대한 접근은 고마운 마음과 올바른 운동이 우선되어야 한다.

운동은 스트레칭, 근력운동, 유산소운동 등 크게 3가지로 나눌 수 있다.
운동의 효과는 참으로 다양하다. 육체적으로 건강한 사람은 생활을 하는데 있어 피로를 느끼지 않고 질병 및 신체적 기능저하에 대한 저항력이 매우 강하다. 스트레칭은 유연성을 높이는데 효과가 크다. 스트레칭을 통해서 평소에 쓰지 않는 근육을 사용함으로써 몸의 유연성을 높이고 신진대사에 도움을 줄 수 있다. 근력(筋力)을 기르고 유연성을 높이기 위한 균형 잡힌 운동계획을 세우는 일이 필요하다. 팔굽혀펴기 · 턱걸이 · 윗몸 일으키기 등 웨이트 트레이닝을 통해서 근력을 향상시킬 수 있다. 근력운동을 통해서 근육의 양을 늘리는 것은 지방 대사를 위해서 대단히 중요하다. 근육은 제 2의 심장이다. 혈액순환을 돕는다.
수영, 체조, 걷기, 조깅, 자전거타기 등 유산소(有酸素)운동을 통해서 심장혈관 기능과 호흡기능을 향상시킬 수 있다. 유산소 운동은 다이어트에 많은 도움을 준다. 신체단련을 위한 바람직한 운동량은 나이, 체격, 건강, 성(性) 등에 따라 개인차가 있다. 지나친 운동은 바람직하지 못하고, 오히려 관절 등 신체를 손상 시킬 수가 있다. 기분 좋은 운동은 새로 태어난 건강한 세포를 건강하게 관리하는 지름길이다. 새로운 세포는 매일 태어난다. 매일 매일 운동을 해야 할 이유이다.

음식[飮食, food]
식탁 균형 잡기가 우선이다

식탁의 백색공포와 영양불균형에 대한 해결 없이는 건강이 바로 설 수 없다.

사람은 흐르는 강물과 같아서 매일 같이 5,000억 개의 세포가 만들어지고 5,000억 개의 세포가 사라지는 신진대사(新陳代謝)를 반복한다. 새로 태어나는 5,000억 개 세포의 원료가 단백질이며, 미네랄이다. 특히 미네랄은 단백질을 이용하여 5,000억 개의 다양한 조직세포를 만들기도 하고, 효소를 움직이는 생명의 물질이다.
미네랄은 모든 숫자를 만드는 '0'과 같은 존재로서 우리 몸을 만들고, 살아가게 하는 생명의 본질이다. 우리는 하루 3끼 식사를 통하여 미네랄을 포함한 5가지 필수 영양소를 균형 있게 섭취하여야 한다.

새로운 5,000억 개 세포의 원료인 미네랄과 단백질의 부족은 유입되는 강물이 줄어드는 것과 같다. 지방과 탄수화물은 조직세포에게 에너지를 공급하는 기름이며, 비타민은 효소를 돕는 보효소이다.

식탁균형의 선결과제는 효소의 작용을 방해하는 고염식, 고당식, 고지방식을 줄이는 것이다.

흔히 쓰레기음식(junk food)이란 영양 밸런스와 상관없이 고염식, 고당식, 고지방식을 말한다. 식탁의 균형은 식탁의 백색공포라 불리는 고염식, 고당식, 고지방식을 줄이는 일이 우선되어야 한다. 그리고 식탁에서 부족되기 쉬운 미네랄, 비타민, 효소를 충분히 섭취하는 일이다. 최근 3식 중 한 끼는 집밥, 식당밥을 대체하는 대체식사(효소식 등)를 찾는 인구가 늘어나고 있다. 식탁 균형 잡기를 위한 최선의 선택으로 권장할 필요가 충분하다.

미네랄[Mineral]
에너지를 전달하는 생명의 꼭짓점이다

건강이란 에너지의 활성 정도를 나타내고, 에너지의 활성은 미네랄에 의하여 결정된다.

생물이건 무생물이건 에너지 없이는 어느 것도 움직일 수가 없다.
태양이 만드는 에너지 알갱이를 몸 안으로 전달받는 것이 미네랄이다.
생명의 꼭짓점에 미네랄이 있고, 인체는 약 4%의 미네랄로 구성이
되어 있다.

인체의 미네랄은 태양으로부터 생명의 에너지를 내 몸 안으로
받아 들이는 생명의 원소이다. 미네랄은 흙의 원소로 된 광물
질이다. 미네랄은 Ca, Mg, Fe+등 원소 하나가 곧 영양소인
무기영양소이다.
흙이 농약이나 화학비료에 오염되면 미네랄은 땅에서 사라지기 시작한다. 우리나라는 지난
70년대부터 본격적인 다수확을 위한 화학농법이 시작되었고, 그로부터 불과 30~40년 만에
우리 토양의 미네랄 중 일부는 현재 약 70%이상이 사라진 것으로 조사되고 있다.

체내 미네랄 양이 감소하면 에너지를 받아들이는 양이 줄어들어 가장 먼저 나타나는 질병이
비만이다.

비만은 무기력을 의미하고, 비만과 무기력은 모든 질병의 원인이다. 미네랄은 태우고 남은 재
즉, 회분이다. 건강한 사람을 알칼리(Alkali)체질이라고 부르는데, 알칼리(Alkali)라는 말은
옛날 아라비아인들이 "태우고 남은 식물의 재" 즉, 미네랄을 부르는 말이다. 알칼리 토양은 미
네랄이 많은 토양으로서 겨울에도 김이 무럭무럭 나는 토양을 말한다. 미네랄이 많은 토양에
서 자란 농작물이 알칼리 식품이다. 미네랄은 생명이 살아 숨 쉬게 하는 생명의 꼭짓점에서 태
양의 에너지 알갱이를 받아들이는 영양소이다.
인체의 96%는 유기물질인 물, 단백질, 지방으로 구성 되어 있으며, 4%가 미네랄이다. 미네랄
이 부족하면 유기물질인 단백질, 지방, 탄수화물뿐만 아니라 비타민도 아무런 소용이 없다. 건
강이란 에너지의 활성 정도를 나타내고, 에너지의 활성은 미네랄에 의하여 결정된다.

미네랄[Mineral]
효소[酵素, Enzyme]를 움직이는 주인이다

60조의 세포로 구성된 우리 몸이 하는 일은 헤아릴 수 없을 만큼 다양하고 많다. 임신부터 성장, 사멸에 이르는 전 과정과 각각의 영양소의 소화 작용, 해독 작용 등 인체에서 이루어지는 모든 일은 효소작용에 의하여 이루어진다.

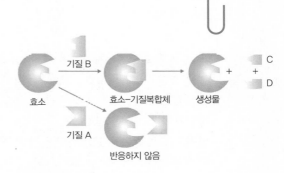

효소는 수많은 각기 다른 정보 에너지에 의하여 다양하게 움직인다.

효소는 단백질이며, 한가지 효소는 한가지 일만을 할 수 있다. 효소의 종류는 우리 몸에서 일어나는 일 만큼이나 그 수가 다양하다. 효소는 같은 단백질(NH2-C-COOH)의 화학구조이면서도 각기 다른 일을 수행할 수 있는 것은 각각의 미네랄이 전달해주는 각기 다른 태양의 정보알갱이(에너지) 덕분이다.

미네랄은 일꾼인 효소에게 각자의 임무를 배정해 주는 인체의 CEO이다.

미네랄은 단백질, 지방, 탄수화물처럼 형태를 갖춘 유기물이 아니라 단 원자상태로써 외부의 에너지를 받아들일 수도 있고, 줄 수도 있는 원자이다.

원자인 각각의 미네랄은 원자핵인 (+)알갱이를 중심으로 바깥에서 돌고 있는 전자, 즉 (-)알갱이의 숫자에 따라서 칼슘(Ca), 마그네슘은(Mg), 철분(Fe)으로 나누어진다. 각각의 미네랄이 갖고 있는 전자의 수만큼 에너지의 크기와 종류가 다르다. 따라서 수많은 미네랄은 태양이 생산하는 에너지(정보)알갱이를 선택적으로 전달하는 것이다. 칼슘(Ca)은 태양이 생산한 단단한 정보를, 마그네슘은(Mg)부드러운 정보를 전달한다. 나트륨(Na)은 짠맛을, 철분(Fe)은 붉은색을, 요오드(I)는 지방을 태우는 정보를, 중금속은 마비시키는 정보를 전달한다.

수많은 효소반응은 미네랄에 의하여 이루어진다. 마그네슘(Mg)과 아연(Zn)은 각각 300여 가지 효소반응에 관여한다. 효소가 처리하는 일의 양과 질은 미네랄이 결정한다. 좋은 미네랄은 좋은 효소를 만들고 나쁜 미네랄은 나쁜 효소를 만든다. 인체 내의 필요한 미네랄양(약 4%) 만큼이나 중요한 것은 미네랄의 밸런스이다. 미네랄의 밸런스란 인체정보의 밸런스를 의미한다. 정보의 밸런스가 무너지면 모든 병이 찾아온다.

비타민[Vitamin]
미네랄이 없으면 소용이 없다

1906년 영국의 생화학자 프레더릭 홉킨스는 음식물은 단백질 · 탄수화물 · 지방 · 무기질 · 물 이외에 필요한 보조영양소를 포함하고 있다고 처음으로 비타민의 존재를 보고했다.

비타민은 대사과정을 조절하는데, 효소를 돕는 조효소와 조효소의 전구물질로 작용한다. 미네랄과의 차이점은 미네랄은 원소이나 비타민은 유기화합물(H-C-O)이라는 것이다. 또한 비타민과 호르몬은 비슷한 점이 많은데, 호르몬은 몸속에서 만들어 지는 것이고, 비타민은 반드시 음식물을 통해서 흡수해야 하는 것이다. 예를 든다면, 비타민C는 탄수화물이 포도당으로 분해되고, 포도당이 간에 있는 4가지 효소에 의하여 비타민C로 만들어 지는데, 간에서 4가지 효소를 만드는 동물에게는 비타민C가 호르몬이 되는 것이고, 그중에서 한 가지라도 효소가 생산되지 못하는 경우는 비타민C가 반드시 섭취해야하는 비타민이 되는 것이다. 미네랄이 없으면 수많은 비타민, 호르몬은 아무런 작용을 하지 못한다.

이온상태의 미네랄은 활성물질의 중심이다.

성질	비타민명	화학명	하는 일
지용성	비타민A	레티놀	시력, 피부, 상피세포발달
	비타민D	칼시페놀	뼈의 형성과 유지
	비타민E	토코페롤	유해산소로 세포보호
	비타민K	필로퀴논	혈액응고, 뼈의 구성
수용성	비타민B1	티아민	탄수화물과 에너지 대사
	비타민B2	리보플라빈	체내 에너지 생성
	비타민B3	니아신	체내 에너지 생성
	비타민B5	판토텐산	지방, 탄수화물, 단백질대사
	비타민B6	피리독신	단백질과 아미노산 이용
	비타민B9	엽산	세포, 혈액생성, 태아신경관여
	비타민B12	시아노코발라인	엽산대사에 필요
	비타민B복합	비오틴	지방, 탄수화물, 단백질대사
	비타민C	아스코르브산	철의 흡수, 항산화

단백질[蛋白質, protein]
미네랄이 없으면 소용이 없다

천연에는 100개 이상의 아미노산이 존재하지만, 이 가운데 약 20개의 아미노산만이 원생동물에서 동식물에 이르는 유기체(有機體)에 공통으로 존재하며 단백질 합성에 이용된다. 이중 10개(성인:9개)의 아미노산은 인체가 합성하지 못하는 필수아미노산으로서 반드시 외부로부터 섭취하지 않으면 안된다.

단백질은 체내 세포 및 조직을 보수, 유지시키며, 생명의 활성물질인 효소, 호르몬, 항체를 만드는 인체의 구성소이다. 활성물질인 미네랄이 없으면 단백질(아미노산)은 어떠한 기능도 할 수가 없다.

구분	아미노산명		주요기능
필수 아미노산	발린	Valine	에너지생성, 두뇌, 근육
	로이신	Leucine	성장호르몬, 상처회복
	이소루이신	Isoleucine	성장촉진, 헤모글로빈생성
	메티오닌	Methionine	간기능, 항우울, 탈모방지
	트레오닌	Threonine	어린이성장발육
	라이신	Lysine	성장발육, 항체형성
	페닐알라린	Phenylalanine	갑상선기능, 통증완화
	트립토판	Tryptophan	신경안정, 체중조절
	아르기닌	Arginine	동맥확장, 성기능강화
	히스티딘	Histidine	유아성장(유아에게 필수)
비필수 아미노산	아스파라긴산	Aspartic acid	간해독, 스테미나
	아스파라긴	Asparagine	중추신경조절
	글루타민산	Glutamic acid	당과 지방대사, 뇌기능
	글루타민	Glutamine	근육생성, 노폐물해독
	티로신	Tyrosine	갑상선조절, 체지방감소
	프롤린	Proline	콜라겐합성, 피부탄력
	알라린	Alanine	간기능강화, 알콜대사
	글리신	Glycine	근육합성, 전립선기능
	세린	Serine	지방대사, 피부보습
	시스테인	Cysteine	인슐린생성, 해독

알칼리[Alkali]수
미네랄[Mineral]이 결정한다

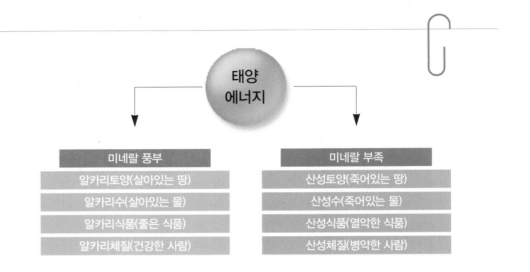

지구의 70%가 물이며, 우리 인체의 66%가 물로 이루어져 있다. 물이 인체의 건강에 미치는 영향은 물이 차지하는 비율만큼이나 절대적이다.

흔히 좋은 물을 가리켜 알칼리수라고 부른다.

알칼리와 염기는 같은 뜻으로 사용되고 있으며, 산과 반대의 성질을 가리킨다. 그러나 알칼리는 염기 중에서도 특히 물에 잘 녹는 염기를 알칼리라고 부른다.

산은 물에 녹아서 염소(HCl)와 같이 수소이온($+H$)을 내 놓는 물질이고, 염기(알칼리)는 수산화 나트륨($NaOH$)과 같이 물에 녹아서 수산이온($-OH$)을 내놓는 물질이다. 물은 산소(1개)와 수소(2개)가 $H2O$ 상태로 공유 결합한 상태를 말한다. 물이 전기 분해되면 공유결합 상태가 ($+H$), ($-OH$)분해 된다. 이때 수소($+H$)이온을 ($-$)극 쪽으로 환원시켜, 남은 물은 수산이온($-OH$)이 되는 것에서 착안하여 알칼리수를 만든다.

좋은 물 = 깨끗한 물 + 좋은 미네랄
사람에게 필요한 물은 체중에 따라서 다르지만 1일 약 1.5L~2L정도이다.

알칼리수는 알칼리 토양을 만들고, 알칼리 토양은 알칼리 식품을 생산하고, 알칼리 식품은 알칼리 체질을 만든다. 미네랄이 풍부한 알칼리수는 모든 생명을 건강하게 한다. 미네랄이 풍부한 물은 에너지가 풍부한 살아 있는 물이다. 미네랄은 에너지를 선택적으로 전달하는 안테나이다. 게르마늄 온천수, 유황 온천수 등 물의 종류는 미네랄이 결정한다. 알칼리(Alkali)는 '태우고 남은 식물의 재' 즉, 미네랄을 부르는 말이다.

인체내의 에너지 이동
이온미네랄[ion Mineral]에 의하여 전달된다

지구상에 존재하는 110여개 가량의 원소(원자)들은 원자핵인 (+)전하와 중성자 그리고 (−)전하인 전자로 이루어져 있다. 원소는 원자핵인 (+)전하를 중심으로 (−)전하인 전자가 빠르게 돌고 있는 형태로서, 에너지(+, −)만 있고 형체가 없는 무기(無機)형태로서 존재한다. 미네랄은 단 원자 상태로서 각각의 미네랄은 원소이며, 곧 하나의 무기영양소이다. 모든 원자들은 (+)전하와 (−)전하와 동수를 이루고 있기 때문에 전기적으로는 중성을 이룬다. 그러나 원자핵을 돌고 있는 바깥쪽의 전자가 이탈하여 전자(−)가 부족하여 (+)전하가 남는 상태로 균형이 깨진 원자를 (+)양이온이라고 부른다. 즉, 마그네슘이온 (+Mg)과 같이 표시하고, 반대로 전자가 들어와서 전자가 남아 균형이 깨진 상태를 (−)음이온이라고 한다. 이온이란 전자가 남거나 혹은 부족한 상태의 불안정한 상태의 알갱이로서 안정을 취하기 위하여 부지런하게 이동하는 원자, 원자단, 분자를 말한다.

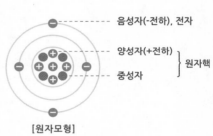

음성자(−전하), 전자
양성자(+전하)
중성자
}원자핵

[원자모형]

이온(ion)이라는 단어는 그리스말로 '이동한다' 라는 뜻인 ionai에서 유래 되었다. 이온 미네랄이란 전기를 띤 움직이는, 형체가 없는 무기(無機)영양소이다.

미네랄이 녹아 있는 물은 전기가 통한다. 이는 단원자인 미네랄이 (+)혹은(−)이온상태이기 때문에 움직이는 과정에서 전기를 전달하는 것이다. 마그네슘(+Mg), 철분(+Fe), 염화물(−Cl) 등과 같은 이온 미네랄이란 양이온 혹은 음이온의 전하를 띤 미네랄로서 부족한 전자를 주고받는 과정에서 에너지를 전달받고, 전달하는 역할을 하게 된다.

에너지는 이온미네랄에 의하여 움직인다. 그러나 설탕이 녹아있는 설탕물이 전기가 통하지 않는 이유는 설탕물은 이온(ion) 상태가 아니기 때문이다. 설탕물(C12−H22−O11)은 물에 녹을 때 이온상태가 아닌 분자상태로 녹아 전자를 주고받을 수 없기 때문에 전기가 통하지 않는 것이다. 제1회 노벨 화학상을 받은 반트호프 박사는 전해질 용액이 높은 삼투압을 나타내는 현상을 이온(ion)으로 설명함으로써 가능했다. 모든 생명활동은 이온에 의하여 작용한다.

무기[無機]영양소
형태가 없는 원소상태의 영양소, 즉 미네랄을 말한다

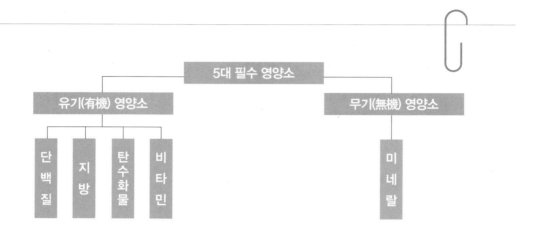

사람에게 필요한 필수 영양소는 단백질, 지방, 탄수화물, 비타민, 미네랄로 5가지이다. 5가지 영양소는 외부로부터 반드시 섭취해야만 하는 필수영양소이다.

5가지 영양소는 유기영양소와 무기영양소로 나눌 수 있다. 유기(有機)영양소란 '있을 유(有)'에 '틀 기(機)'로 직역을 하면 형태가 있는 영양소를 말한다. 즉 유기영양소란 2종류 이상의 원소가 화학 결합한 분자 상태인 단백질(NH2-C-COOH), 지방, 탄수화물, 비타민(O-C-H)등과 같이 물에 녹아서 분자상태로서 형태를 유지하고 있는 영양소이다. 유기영양소는 물에 녹아도 분자상태이므로 이온화 될 수 없다. 유기영양소가 이온화가 되려면 분자결합이 분해되어 원소상태(C, H, O, N)를 말하며, 이미 영양소가 아닌 전혀 다른 기체 상태인 것이다.

물에 녹은 단백질, 지방, 탄수화물, 비타민은 육안으로도 쉽게 확인할 수 있는 유기영양소이다.

그러나 무기(無機)영양소는 물에 녹으면 형태가 없는 영양소를 말한다. 염화마그네슘(MgCl)을 물에 녹여보면 형체가 없이 사라진다. 물에 녹아서 마그네슘(+Mg)원소와 염화물(-Cl)원소로 분리되면서 원자상태가 되었기 때문이다. 무기(無機)영양소는 분자상태가 아닌 원소상태의 영양소로서 미네랄(Mineral)이라고 부른다. 원소는 원자핵의 양전자와 중성자를 중심으로 한 주변을 전자가 괘도가 빠르게 돌고 있는 에너지 상태일 뿐 일정한 형태를 갖추고 있지 않는다. 앞 페이지에서 자세한 설명을 하였지만 무기영양소인 미네랄은 원소 하나가 곧 하나의 영양소인 Ca, Mg, Fe, Cl, Zn등과 같이 우리 인체에 약 80여 가지가 있을 것으로 추정하고 있다. 원자 상태인 미네랄은 (+전하)인 원자핵과 (-전하)인 전자로만 이루어진 에너지의 결합체로서 형태가 없는 무기(無機)형태로 존재하는 단 원자 상태의 필수영양소이다.

무기미네랄
즉 이온[ion]미네랄을 지칭하는 것이다

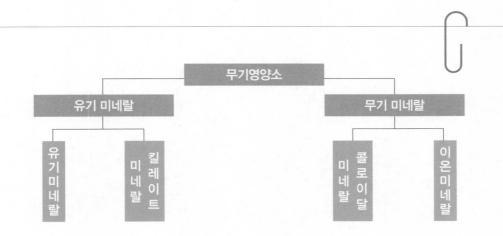

유기미네랄은 유기영양소인 단백질, 지방, 탄수화물, 비타민 등과 미네랄이 결합하여 있는 상태 즉, 동·식물의 근육이나, 뼈, 식물의 조직 등에 있는 미네랄을 유기 미네랄이라고 한다. 미네랄은 자연 상태의 동·식물에 함유된 미네랄을 섭취하는 것이 가장 바람직하다. 그러나 유기미네랄이 동·식물로부터 분리·추출하는 과정을 거치게 되면 엄밀한 의미에서 유기 미네랄이라고 볼 수 없으며, 오히려 분리·추출 하는 과정에서 사용되는 방법(용매)에 따라서 고유한 미네랄의 맛과 기능에 변화가 올 수도 있다.

킬레이트 미네랄이란 동·식물로부터 분리·추출한 미네랄이 아미노산 등 유기물로 감싼 미네랄을 말하며, 킬레이트화를 위하여 발효과정 등의 방법이 사용된다. 유기미네랄과 킬레이트미네랄은 미네랄이 유기물과 결합되어 있는 상태로서 한 번 더 소화과정을 거쳐 체내에 흡수된다.

콜로이달 미네랄은 미네랄이 유기물과 결합되어 있지는 않지만, 미네랄끼리 결합되어 있는 분자상태의 미네랄이다. 콜로이달 미네랄은 물에 녹아있는 이온(ion)상태가 아닌 분자상태로 물에 부유하고 있는 형태의 미네랄로써 전기를 띠지 않고 있다. 콜로이달 미네랄은 주로 강하구 등의 퇴적층에서 발견되며, 식물이 퇴적되어 오랜 세월을 거치면서 식물속의 유기물은 산화되고 미네랄만 남아 분자상태로 결합한 미네랄이다. 콜로이달 미네랄 역시 유기미네랄과 같이 한 번 더 소화과정을 거치면서 체내에 흡수된다.

이온(ion)미네랄은 (+Ca), (+Na), (−Cl)와 같이 더 이상 분해될 수 없는 하나의 원소(원자)이면서 전하를 띤 에너지의 결정체로 존재한다. 이온 미네랄은 흡수가 용이할 뿐만 아니라 다른 유기영양소의 대사에도 관여하는 미네랄이다.

우리 몸에는
4%의 미네랄이 존재한다

인체를 구성하는 주요원소

원소	함량(%)	원소	함량(%)
O	65.5	Na	0.15
C	18.0	Cl	0.15
H	10.0	Mg	0.05
N	3.0	Fe	0.004
Ca	1.5	Mn	0.0003
p	1.0	Cu	0.0002
k	0.35	I	0.00004
S	0.25	기타	Minut trace

인체의 구성 물질은 유기물(물, 단백질, 지방, 탄수화물, 비타민)이 96%, 무기물(미네랄)이 4% 로 구성되어 있다.

96%인 물, 단백질과 소량의 지방, 탄수화물, 비타민은 4가지의 원소인 C, H, O, N으로 결합 된 유기물로서 세포, 근육, 골격, 조직을 만들고, 에너지원으로 피하 지방에 저장되어 있다.

4%인 미네랄은 구성소로서 근육, 골격, 조직에 유기물과 결합상태인 유기미네랄상태로 존재 하며, 일부는 이온(ion)미네랄 상태로 혈액과 체액에 존재하면서, 신경, 전달물질 및 체액의 이 동, 에너지작용에 관여한다.

지구상에 존재하는 110가지의 원소 중에서 C, H, O, N을 제외한 모든 원소를 통틀어서 미네랄 로 부르며, 미네랄의 기능이 밝혀진 미네랄의 종류가 약 72종으로 확인 되고 있다.

다량미네랄	칼슘, 마그네슘, 칼륨, 염소, 나트륨, 유황, 인
미량미네랄	철, 불소, 구리, 요오드, 크롬, 코발트, 망간, 실리콘, 셀레늄, 니켈...

미네랄은 1일 섭취량에 따라서 다량미네랄(Macromineral)과 미량미네랄(Tracemineral)로 구분한다. 일반적으로 1일 섭취량이 100mg이상을 필요로 하는 미네랄을 다량미네랄이라고 부르며, 100mg이하가 필요한 미네랄을 미량미네랄로 분류한다.

미네랄은 물과 같이 삼투작용[滲透作用]에 의하여 뿌리로 흡수된다

유기(有機)영양소인 단백질, 지방, 탄수화물, 비타민은 식물의 잎에서 C, H, O, N의 4가지 원소를 빛의 광합성작용(탄소동화작용)에 의하여 만들어진다. 그러나 무기(無機)영양소인 미네랄은 식물에 의하여 생산하는 것이 아니라 토양 속에서 존재하는 것을 물이 뿌리로 흡수될 때 함께 흡수되어 진다. 즉 미네랄은 Ca+, Mg+ 등과 같이 하나의 원자상태로 토양 속의 물에 녹아있는 원자상태의 무기(無機)영양소이다. 즉 원자상태란 단백질처럼 물에 녹을 때 화학결합상태(NH2-C-COOH)로 형태를 띤 고분자상태가 아니라 원자핵(+전하)과 전자(-전하)의 에너지만 존재하는 형태가 없는 무기(無機)상태를 말한다.

토양속의 미네랄은 식물에 흡수될 때 물과 함께 삼투작용에 의하여 흡수된다.

삼투작용이란 뿌리속의 농도가 토양속의 물의 농도보다 높을 때, 낮은 농도 쪽에 있는 물이 높은 농도 쪽으로 뿌리의 반투막을 통과하여 이동하는 작용이다.

토양 속에 이온상태로 녹아있는 미네랄은 물과 함께 뿌리의 반투막을 자유롭게 통과하여 식물체내로 흡수가 된다.

식물체 내의 미네랄은 유기물(단백질, 탄수화물 등)과 결합한 유기미네랄 상태로 세포, 조직체에 존재하며, 일부는 식물체의 수액에 무기미네랄(이온상태)상태로 존재한다.

미네랄은 단백질과 같은 유기물(화합물)이 아니라 물질의 기본단위인 원자상태의 영양소로서, 토양에서 식물로, 식물에서 인체로, 인체에서 토양으로 위치만 바뀔 뿐 소멸되거나 없어지는 영양소가 아니다.

사람은 물과 미네랄을 동·식물을 통하지 않고도 직접 물을 통해서 섭취할 수 있다. 그러나 유기영양소인 단백질, 지방, 탄수화물, 지방, 비타민은 반드시 동·식물을 통해서만이 섭취가 가능하다.

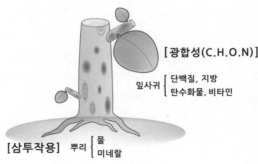

[광합성(C.H.O.N)]

잎사귀 │ 단백질, 지방
      │ 탄수화물, 비타민

[삼투작용] 뿌리 │ 물
              │ 미네랄

토양에 미네랄이
사라지고 있다

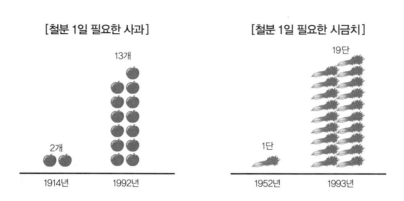

1912년 노벨의학상을 수상한 Dr. Alexis Carrel은 토양은 생명의 근원이며, 인간의 건강한 삶은 토양의 비옥도, 특히 미네랄의 비옥도에 달려 있다고 주장했다. 지난 1922년 미국 농림부(USDA)에서 조사한 바에 따르면, 1914년에는 철분 1일 필요량이 사과 2개를 먹으면 충분했었는데, 1922년의 조사에서는 하루 13개가 필요한 것으로 조사되었다 한편 일본의 과학기술청 조사연구에서도 동일한 철분을 얻기 위하여 1952년에 시금치 1단이 필요했는데, 1993년에는 19단의 시금치가 필요한 것으로 나타났다.

앞으로 우리나라의 건강환경은 유기농 농사법에 달려 있다고 해도 과언이 아니다.

지난 2004년 서울대팀의 조사자료에 의하면 일부 미네랄은 필요량에 75%가 토양에서 사라진 것으로 조사되었다.

지구토양에 미네랄이 부족 되어 가는 원인은 첫째는 화학농법(농약, 비료, 제초제)에 의한 토양의 산성화가 그 주범이고, 둘째는 지구의 물 순환시스템에 의하여 이루어지고 있다. 토양의 미네랄은 씻겨 바다로 흘러가기 때문에 토양의 미네랄이 고갈되는 것이다. 토양에 농약과 비료를 뿌리는 만큼 토양에서, 농작물에서 미네랄은 사라지고, 미네랄이 살아지는 만큼 사람의 건강이 뿌리째 흔들리는 것이다. 우리나라의 경우 1970년대 화학농법이 시작된 이후부터 비만, 당뇨, 아토피, 암 등이 증가 일로에 있었던 것은 화학농법과 무관하지 않다. 토양을 살리지 못하면 건강의 미래는 없다. 토양을 살리기 위해서는 도시인들이 유기농식품을 많이 먹어야 한다. 유기농식품을 먹는 것은 건강을 유지하는 것과 동시에 토양을 살리는 지름길이다.

인체에 미네랄 부족과
불균형이 심각하다

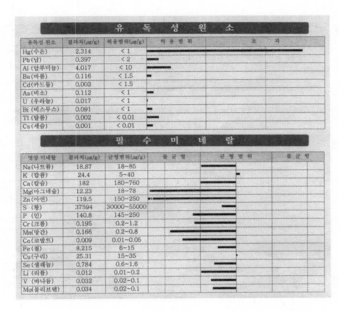

유 독 성 원 소				
유독성원소	결과치(μg/g)	허용범위(μg/g)	허 용 범 위	초 과
Hg(수은)	2.314	<1		
Pb(납)	0.397	<2		
Al(알루미늄)	4.017	<10		
Ba(바륨)	0.116	<1.5		
Cd(카드뮴)	0.003	<1.5		
As(비소)	0.112	<1		
U(우라늄)	0.017	<1		
Bi(비스무스)	0.091	<1		
Tl(탈륨)	0.002	<0.01		
Cs(세슘)	0.001	<0.01		

필 수 미 네 랄					
영양미네랄	결과치(μg/g)	균형범위(μg/g)	불균형	균형범위	불균형
Na(나트륨)	18.87	18~85			
K(칼륨)	24.4	5~40			
Ca(칼슘)	182	180~760			
Mg(마그네슘)	12.23	18~78			
Zn(아연)	119.5	150~250			
S(황)	37594	30000~55000			
P(인)	140.8	145~250			
Cr(크롬)	0.195	0.2~1.2			
Mn(망간)	0.166	0.2~0.8			
Co(코발트)	0.009	0.01~0.05			
Fe(철)	8.215	6~15			
Cu(구리)	25.31	15~35			
Se(셀레늄)	0.784	0.6~1.6			
Li(리튬)	0.012	0.01~0.2			
V(바나듐)	0.032	0.02~0.1			
Mo(몰리브덴)	0.034	0.02~0.1			

Medinex-korea 자료

상기의 모발분석자료는 대부분의 현대인들에게 공통적으로 나타나는 데이터이다. 수은과 같은 유해 중금속은 허용 기준치 범위를 초과하고 있으며, 대부분의 유해 중금속은 허용범위내의 높은 방향을 가리키고 있다. 그러나 필수 미네랄인 마그네슘과 아연은 절대 부족상태를 보이고 있으며, 대부분의 필수 미네랄들은 허용기준치 내에서 좌측(적음)으로 나타나고 있다.

미국 상원문서 264호(1937년)에 따르면 미국인구의 99%가 미네랄부족으로 야채, 곡물의 먹는양에 상관없이 굶주리고 있다.

"미네랄이 부족하면 비타민도 쓸모가 없다. 인체의 안녕은 칼로리나, 비타민 또는 몸이 소비하는 녹말, 단백질, 탄수화물의 정확한 비율보다 신체기관에서 흡수하는 미네랄에 더 직접적으로 좌우된다."라고 미상원문서는 밝히고 있다.
뿐만 아니라 2004년 세계유니세프(유엔아동기구)보고서에 의하면 세계 전 인구의 1/3인 20억 명 이상이 미네랄부족으로 인하여 정신적, 신체적 발육부진을 초래하고 있으며, 지능지수(IQ)가 최고 15%까지 하락한 것으로 조사되었다.

중금속의 배출을 위해서는 무엇보다 미네랄의 밸런스가 중요하다

토양의 산성화에 의한 미네랄부족과 더불어 환경오염에 의한 중금속(나쁜 미네랄 혹은 독성 미네랄)의 문제는 별개의 문제가 아니다. 최근 많은 병원에서 실시하고 있는 모발분석을 살펴보면, 중금속이 기준치 이상을 나타내는 환자분들의 대부분은 미네랄 밸런스가 깨져있다는 사실을 알 수 있다.(앞 페이지 참조) 나쁜 미네랄이라고 불리 우는 중금속은 미네랄의 밸런스에 의하여 배출된다는 것이다.

중금속이란 원소주기율표상 아래쪽에 위치하며 수은, 납, 캬드뮴 등과 같이 비중 4이상의 무거운 원소를 말한다.

중금속은 체내 축적되어 직접적인 단백질조직의 변형을 유발할 뿐만 아니라, 외부로부터 받아들이는 나쁜 에너지정보(마비 및 신경교란)에 의하여 면역체계의 혼란과 신경계의 혼란을 야기한다.

중금속의 체내 축적을 예방하기 위해서는 무엇보다 균형 잡힌 미네랄 밸런스가 중요하다.

중금속은 미량이라도 체내에 축적되면 잘 배설되지 않고, 우리 몸속의 단백질에 쌓여 장기간에 걸쳐 부작용을 나타내기 때문에 매우 위험하다.

산소를 운반하는 혈액의 헤모글로빈은 글로빈이라는 단백질에 철이 결합한 형태를 갖추고 있지만, 우리 몸속에 수은이 들어와 글로빈에 철 대신 붙으면 산소운반능력을 상실하게 된다. 또한 납은 신경과 근육을 마비시키고, 카드뮴은 폐암을 일으킬 수 있으며 뼈를 무르게 한다. 최근 아토피성피부염이 급증하고 있는 것이나 천식, 기관지염 환자의 증가도 중금속오염의 심각성을 나타내고 있다.

심각한 환경오염 속에서 현대인들의 어느 누구도 중금속으로부터 자유로울 수가 없다. 각종 암, 성인병, 기형, 불임 등의 질병은 중금속과 무관하지 않다. 중금속의 체내 축척을 방지하기 위해서는 평소 미네랄 밸런스가 무엇보다 중요하다.

미네랄은 인체의
신경 · 전기시스템의 기본요소이다

미네랄은 체내의 신경 · 전기적 시스템 운영의 기본요소로 신경자극의 전달, 근육수축 등 인체의 생화학적, 전기적 작용을 담당하는 각종 효소의 생성과 기능에 필수적인 요소이다. 인간의 신체 내에서는 약 1,300가지의 효소(enzymes)가 발견되는데, 이들 효소들이 60조개의 신체 세포에서 발생하는 15만 가지의 생화학적, 전기적 반응을 수행하는데 만약 이들 효소의 기능이 중지되면, 인체의 모든 기능이 따라서 중지된다. 즉, 눈을 깜박일 수도 없고 걸어 다닐 수도 없으며 심장이 멈추고 죽음에 이르게 된다.

그리고 신경전달 과정도 정지되어 음식 맛을 느낄 수도 없고, 슬픔과 기쁨을 못 느끼는 상황이 되는 것이다. 미네랄이 부족하거나 불균형이 발생하면 이러한 효소의 기능에 제한을 두어 인체는 허약해지고, 각종 질병의 위협 앞에 놓이게 되는 것이다.

미네랄의 전기 작용에 의하여 60조의 세포는 수축과 이완작용이 이루어진다.

세포의 수축작용은 칼슘(Ca), 이완작용은 마그네슘(Mg)이 관여한다. 심장이 뛰고, 동맥이 수축과 이완을 하게 된다. 미네랄의 부족은 자율신경의 기능을 저하시켜 심장병, 고혈압, 근육경련, 변비, 눈 떨림 등의 증상으로 이어 질 수 있다. 뿐만 아니라 미네랄이 부족하면 기억력저하, 집중력 · 판단력저하를 초래할 수 있으며, 신경불안증상과 불면증, 신경과민(스트레스)에 시달릴 수도 있다.

미네랄은 산·염기의
균형(약 알칼리체질)을 유지시킨다

산은 물에 녹아서 염산(HCl)처럼 수소이온을(+H) 내놓는 물질을 말하고, 염기는 물에 녹아서 수산화나트륨(NaOH)처럼 (−OH)를 내놓는 물질을 말한다. 알칼리란 염기중에서도 물에 잘 녹는 염기를 알칼리라고 한다.

미네랄은 식품으로부터 흡수되어 신체내에 분포한다. 조직이나 체액 속에 들어 있는 미네랄은 많은 대사 반응에 필요한 산도 혹은 염기도를 정상으로 유지하도록 조절한다. 신체내의 혈액, 조직, 세포들이 요구하는 적절한 산도 혹은 염기도는 비록 다르지만 미네랄은 체내에서 적절한 PH를 유지하도록 조절한다. 여러 종류의 미네랄 중에서 어떤 미네랄은 신체를 산성 쪽으로, 또 어떤 미네랄은 염기쪽으로 이루도록 하는 경향이 있다.

미네랄은 생명의 균형인 PH7.4를 유지시키는 조율사이다.

인체의 PH는 약알칼리인 7.4가 가장 적정수준이며, 인체가 수용할 수 있는 범위는 6.8~8.0이다. 만약 인체내 PH가 이 범위를 벗어난다면 인간은 살 수 없게 된다. 미네랄의 균형있는 섭취는 인간의 염기도를 약알칼리성으로 유지시켜 줌으로써 스스로의 면역력을 강화시키고 질병의 자율치료능력을 향상시켜주는 만능치료제인 것이다.

이것은 약 알칼리인 PH가 7.4일 때 효소의 활성도가 가장 높은 이유이다.

만약 미네랄이 부족하여 산성체질이 되면 건강을 유지하기 어렵다는 사실은 새삼 말할 필요도 없거니와 이를 알칼리 체질로 전환시켜주는 물질이 바로 미네랄이다.

미네랄은 인체의 66%인
물의 이동을 조절한다

인체의 물은 체중의 66%로 되어 있지만, 이 비율은 지방 함유량, 연령 및 성별에 따라 달라질
수 있다. 성인에 비해 지방과 뼈의 함유량이 적은 신생아는 체중의 약 73%가 물로 구성되어 있
으나, 성장하면서 물의 함유량은 상대적으로 적어져, 노인에게서는 체중의 45%만이 물로 되
어 있다. 여자는 남자보다 물의 비율이 낮은데 지방 함유량 때문이다. 인체 내의 물의 이동은
나무뿌리에서 물을 빨아들이는 삼투작용과 같다. 뿌리안쪽의 농도가 뿌리 바깥쪽(흙쪽)의 농
도보다 높을 때 바깥쪽의 물은 뿌리의 반투막을 뚫고 뿌리 쪽으로 흡수된다. 이때 무기영양소
인 미네랄은 물과 함께 흡수된다. 혈관이나 세포에 들어있는 물이 한 곳으로부터 다른 곳으로
옮겨지려면 마찬가지로 삼투현상에 의해서 반투과성 세포막을 통과해야 한다.

세포막을 통과하여 세포 내외로 이동하는 물은 미네랄의 농도에 의해서 결정된다. 미네랄의
균형이 이루어지지 않는 경우에는 체액의 축적 또는 탈수를 일으키기도 한다.

체액은 세포막을 기준으로 세포내액(intracellular fluid)과 세포외액(extracelluar fluid)으로
나뉘어진다. 세포내액은 총 체액의 2/3정도이고, 나머지는 세포외액이다. 체액은 세포막을 사
이에 두고 미네랄에 의하여 활발하게 이동이 일어난다. 세포외액의 주요 이온미네랄은 나트륨
(Na+)과 염소(Cl-)이고, 세포내액은 칼륨(k+)이다.
세포외액의 Na+와 세포내액의 K+는 안정막 전압의 유지 및 신경전도 과정에 매우 중요한데,
이러한 농도를 유지할 수 있게 해주는 것이 Na+--K+ pump의 역할이다.
현대인의 대표적 성인병중의 하나인 고혈압도 체내 미네랄 농도의 불균형으로 신체내 삼투압
조절능력이 떨어져 혈액 중 수분이 빠져나가 혈액의 농도가 진해짐으로써 발생하는 질병중의
하나라 할 수 있다.

미네랄은 생체전기를
전달하는 전해질이다

미네랄은 몸에 흡수되면 대부분은 골격근 및 조직에 유기체(단백질)와 결합하여 유기(有機)미네랄 상태로 존재하며, 일부는 체액(세포내액과 세포외액)에서 무기(無機)미네랄상태(이온)로 체액과 함께 전신을 순환한다. (+)(−)전하를 띠고 있는 이온 미네랄은 생체전기의 전달 뿐만 아니라 물의 이동 (삼투작용), PH조절(약알칼리유지), 효소반응의 촉진 등의 생명의 활성(Aective)작용을 주도하는 물질로 작용한다.

세포막 사이의 생체전기는 보통 약 50mV(1V=1,000mv)쯤 되는데, 모든 세포들은 자신의 생체전위를 대사과정을 돕거나 조절하는 데에 사용하지만, 어떤 세포들은 독특한 생리적 역할을 수행하기 위해 특수하게 사용한다.

생체전기[生體電氣, bioelectricity]는 생물체내에서 생기는 전위, 전류를 말한다.
생체전류는 이온((+)혹은 (−)전하를 띤 원자나 분자)의 흐름으로 되어 있는 전해질이다. 전해질은 체액 내에 있는 무기성으로 된 산, 염기들이다.
유기적 복합체(단백질, 지방, 탄수화물, 비타민)들은 비전해질인 분자상태로서, 이온으로 나누어지지 않아서 전류가 통하지 않는 물질이다. 설탕물이나 글루코스는 물에 녹기는 하지만 이온화되지 않고, 분자 그대로 남아있다. 전해질은 양이온과 음이온으로 분리된다. 양이온(positive ions, cations)에는 마그네슘이온($Mg+$), 나트륨이온($Na+$), 칼륨이온($K+$), 칼슘이온($Ca2+$)등이 있다. 음이온(negative ions, anions)에는 염화이온($Cl−$), 황화이론($S2−$), 산화이론($O2−$), 황산이온($SO42−$) 등이 있다.

미네랄이 없으면 다이어트는 없다
비만[肥滿:obesity]은 미네랄 부족 병이다

비만(肥滿)이란 살찔 비(肥), 가득 찰 만(滿), 즉 살이 가득 찼다는 뜻이다.

달밤에(月)에 꼬리(巴)를 내리고 있는 형상, 또는 달밤에 무릎을 꿇고 있는 형상의 글자이다. 비만은 corpulence, fatness라고도 하며, 체지방이 과도하게 축적되어 있는 상태를 말한다.

체지방은 흡수한 열량에 비해서 몸에서 사용된 열량이 남아서 생기며, 지방이나 지방성 조직으로 저장된다. 적당한 체지방의 축적량은 남·여에 따라서 혹은 개인의 골격근에 따라서 다소의 차이가 있으나 체중의 약 20%를 기준으로 하고 있다. 비만자의 경우 분비선의 장애와 호르몬의 불균형 등 병적인 경우는 5%를 넘지 않는다. 대부분이 식습관과 관련이 있다. 흔히 비만을 유전적인 요인으로 이해하려 하는 경향이 있으나, 최근 발표되는 많은 비만의 연구보고서는 가족단위 혹은 국가단위의 식사습관 및 생활습관이 비만에 더 큰 역할을 하고 있다는 증거들을 제시하고 있다. 즉 비만한 엄마가 아이들을 양육할 때 보여주는 초기의 식사습관이 아이의 비만을 부르며, 다음 세대까지 문화적으로 유전시키는 것이다.

비만은 외모적인 면에서도 바람직하지 않지만, 의학적으로도 대단히 심각한 문제를 안고 있다. 일반적으로 뚱뚱한 사람은 날씬한 사람에 비해서 오래 살지 못한다. 그리고 정상인에 비교해서 질병으로부터 더 많은 고통을 받는다.

뚱뚱한 사람은 정신건강면에서도 정상 체중인과 비교해서 삶의 만족도가 현저하게 떨어지고, 생활반경이 줄고, 자신감 결여로 인한 위축, 대인기피, 우울증 등의 다양한 신경·정신병의 원인이 되기도 한다.

비만치료는 단순하게 저울의 눈금을 내리는데 목표가 되어서는 안된다. 다이어트는 종합적인 접근방법이 필요하다.

비만치료는 건강의 진선미(眞:참된 건강, 善:거짓 없는 건강, 美:아름다운 건강)를 되찾기 위한 3가지 목표에서 벗어나서는 안된다. 단순히 체중을 줄이는 것은 쉬운 일이다. 본인의 의지력에 의한 식사를 제한하는 것으로 충분하다. 즉 체중감소를 위해서는 살빼는 성분이 필요한 것이 아니라 신진대사(新陳代謝)를 위한 활성물질(Active)의 공급을 최대한 늘려주어야 한다. 현재 시중에서 진행하고 있는 다이어트의 방법을 살펴보면, 이론은 그럴듯 하지만 본인의 의지력에 의존한 식사 제한 방법이 대부분이다. 그러나 잘못된 식사제한법은 요요현상 뿐만 아니라 심각하게 건강상의 문제를 야기할 수 있다. 비만치료를 위해서는 칼로리 조절을 위한 일부 식사의 제한은 불가피 하겠지만, 무엇보다 활성물질인 미네랄, 효소, 비타민, 식이섬유의 공급은 늘려야 한다. 비만의 원인은 사람마다 다르다.

결론적으로 많이 먹고, 적게 먹고 하는 음식의 양에 관한 문제는 아니다. 비만은 조금 많이 먹었다고 금방 살이 찌고, 조금 적게 먹었다고 금방 살이 빠지는 단순한 에너지만의 문제는 아니다. 비만치료를 위한 1단계는 생활 속의 명상법을 실천하는 일이다. 정신적인 스트레스는 호르몬 작용에 이상을 일으켜 과식욕, 에너지대사의 이상을 초래 할 수 있으며, 다이어트의 의지력을 저하시킬 수 있다. 감사하는 마음으로 채우는 생활명상법은 다이어트의 첫 단추를 끼우는 일이다. 2단계는 운동요법이다. 규칙적인 스트레칭, 근력운동, 유산소운동은 칼로리 소모를 늘려 줄 뿐만 아니라 대사작용을 활성화시켜 비만치료에 기본이 된다. 3단계는 활성영양소(Active nutrients)의 대량공급이다. 미네랄, 효소, 비타민이다.

특히 미네랄은 활성물질인 효소와 비타민의 활성작용에 없어서는 안되는 필수 영양소이다. 지방의 대사에는 lipase라는 지방을 분해하는 단백질, 즉 효소에 의해서 이루어진다. 모든 효소는 활성물질인 미네랄에 의하여 활성된다. 미네랄은 자동차의 키(key)이다. 점화플러그의 불꽃반응과 같다.

미네랄은 태우는 영양소이며 지방은 태워지는 영양소이다.

활성물질인 미네랄이 부족하면 효소의 활성능력이 부족하여 소화, 흡수, 해독, 배설 등의 신진대사 기능이 저하되어 비만뿐만 아니라 당대사의 이상, 심혈 관계질환으로 이어진다.

미네랄은 효소 활성화를 통한 에너지 대사를 활발하게 하여 운동량을 증가시키고, 정신안정에 도움을 주어 비만치료를 위해서 없어서는 안되는 가장 중요한 필수 영양소이다.

당뇨의 근본 대책은 미네랄이 풍부한 알칼리[Alkali] 토양으로만 가능하다

중앙일보 사설(2005.3.15)에 의하면 1년에 새로 발생하는 당뇨환자수가 50만 명을 넘어섰다고 보도하고 있다. 참고로 최근 1년에 태어나는 신생아수가 43만명을 감안하면 그냥 넘어갈 일이 아니다. 당뇨는 대사성 질환의 대표격이다. 당뇨병(糖尿病)은 인슐린 작용의 저하에 의한 만성 고혈당증을 특징으로 하면서 여러 특징적인 대사이상을 수반하는 다소 복잡한 질환군이다. 인슐린은 주로 탄수화물 대사에 관여하므로 당뇨병은 탄수화물 대사의 이상이 기본적인 문제이나, 이로 인해 체내의 모든 영양소 대사가 영향을 받게 되므로 종합적인 대사성 질병이라고 할 수 있다. 당뇨병은 현대인에게 가장 중요한 만성 질병으로 꼽히며, 특히 선진국일수록 발생빈도가 높으며, 해마다 증가하는 추세이다.

당뇨병의 역사는 비만의 역사와 같이하고 있다.
비만과 당뇨는 토양의 미네랄 부족을 첫번째 원인으로 꼽을 수 있다. 우리나라는 지난 30~40년 전부터 화학농법(비료, 농약, 제초제사용)이 본격화 되었으며, 이로 인한 토양의 산성화는 미네랄부족의 결과를 낳게 되었으며 비만과 당뇨, 고혈압, 암 등 대사성 만성질환이 급속도로 증가하게 하는 원인 제공이 되었다. 토양의 미네랄부족은 농작물의 미네랄 부족뿐만 아니라 비타민부족, 효소(식품효소)의 부족 등 활성물질의 부족으로 인해 탄수화물 대사에 심각한 문제가 야기된 것으로 볼 수 있다. 당뇨대란! 성인병대란에 대한 근본 대책은 유기농법(유기농식품: 3년 이상 농약과 비료를 치지 않고 재배한 식품)에 있다. 당뇨대책은 유기농법에 의해서 죽어가는 토양을 되살리는 것이 지름길이다. 알칼리(Alkali)토양이란 미네랄이 풍부한 토양이다. 미네랄이 풍부한 알칼리(Alkali)토양은 겨울에도 김이 무럭무럭 나는 땅힘이 좋은 땅을 말한다.

신생아 수
43만

당뇨환자 수
50만

고지혈증은 동물성지방을 줄이고, 미네랄, 비타민, 효소가 풍부한 야채 · 과일의 섭취량을 늘려야 한다

고지혈증이란 혈액 속에 지방성분이 높은 상태를 말한다. 일반적으로 총 콜레스테롤이 240mg/㎗을 넘거나 중성지방이 200mg/㎗ 이상일 때 고지혈증이라고 한다. 고지혈증(혈중 콜레스테롤이나 중성지방의 증가)은 동맥경화, 고혈압, 심혈관계 질환 등의 위험요인이 되기 때문에 문제가 되는 것이다.

당뇨를 탄수화물 대사의 이상이라고 본다면, 고지혈증은 혈중 지방(콜레스테롤, 중성지방)의 과다현상이라고 볼 수 있다.

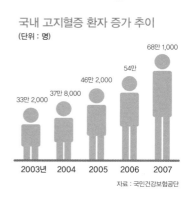

국내 고지혈증 환자 증가 추이 (단위 : 명)

33만 2,000 (2003년)
37만 8,000 (2004)
46만 2,000 (2005)
54만 (2006)
68만 1,000 (2007)

자료 : 국민건강보험공단

고지혈증의 주범인 콜레스테롤은 혈중에 정상적으로 존재하는 기름, 지방 같은 물질로 정의할 수 있다. 콜레스테롤은 세포의 원형질막의 구성성분, 신경세포의 구성성분, 부신과 생식선에서의 호르몬, 담즙의 원료, 혈중 지단백의 구성성분으로 없어서는 안 될 인체에서 생산되는 필수 지방이라고 할 수 있다.

콜레스테롤은 간에서 전량이 생산되기 때문에 음식으로 섭취하지 않아도 된다.

고지혈증을 예방하기 위해서는 무엇보다 동물성 지방섭취를 줄이고, 신선한 야채, 과일의 섭취를 늘린다. 무엇보다 활성물질인 미네랄, 비타민, 효소의 섭취를 늘리는 것이다.

고지혈증은 간에서 너무 많이 생산될 때와 동물성지방을 필요 이상으로 많이 섭취할 때 일어나게 된다. 기름과 물이 섞이지 않는 것처럼 콜레스테롤도 피와 섞이지 않기 때문에 콜레스테롤이 혈중에서 신체의 각 부위로 운반되기 위해서 수용성인 지단백과 결합을 하게 된다. 콜레스테롤은 어떤 지단백과 결합여부에 따라서 좋은 콜레스테롤과 나쁜 콜레스테롤 2가지로 나누어지는데, 지단백이 크기는 크지만 밀도가 낮은 저밀도 지단백(LDL), 크기는 작지만 밀도가 높은 고밀도 지단백(HDL)이 있다. LDL-콜레스테롤은 혈중 총 콜레스테롤의 3/4을 차지하며, 간으로부터 세포로 콜레스테롤을 운반하고, 신체 요구량보다 많을 경우 혈관벽에 들러붙어 동맥경화를 일으킨다. HDL-콜레스테롤은 반대로 세포로부터 간으로 운반하여 간에서 콜레스테롤을 대사하게 하는 청소부의 역할을 한다.

인체에 쌓이는 독소제거(detoxification)는 효소 활성화를 위한 미네랄 밸런스가 가장 중요하다

인체는 코와 입으로 산소와 음식물을 섭취함으로서 60조의 세포가 건강하게 살아간다. 그러나 몸으로 흡수된 산소와 음식은 100% 사용되지 못하고, 그 중 일부는(약 2%)는 독소 혹은 불필요하게 체내에 축적되어 신진대사를 방해하거나 건강을 해친다. 질병과 노화는 각종 필수영양소의 부족에 의하여 발생할 수도 있지만, 최근에는 불필요하게 체내에 축적되는 독소들에 의하는 경우가 대단히 많다.

[활성산소] 가장 큰 독소로서 산소에 의해서 만들어지는 활성산소이다.

활성산소는 지질이 있는 곳이면 어디든지 달려가 과산화지질을 만들고, 병을 일으킨다. 이 과산화지질은 맹독성의 물질로써, 단백질을 녹여 혈관벽을 헐게 만든다. 활성산소를 불안정한 대표적인 노화물질이다. 인체 내에 활성산소를 소거(掃去)하는 대표 물질로는 SOD(Superoxide dismutase)라는 효소물질이다. SOD의 작용에는 망간(Mn), 아연(Zn), 구리(Cu), 셀레니움(Se)이 필수적이다.

[숙변] 대장에 달라붙어 있는 오래된 부패된 변으로서, 암모니아, 인돌, 스카톨, 일산화탄소, 메탄 등의 독소를 유발시켜 장과 혈액을 오염시켜, 신체의 전반적인 기능저하와 질병을 유발시키는 원인을 제공한다. 숙변제거를 위하여 단식, 절식요법, 관장요법, 죽염요법 등 많은 방법이 사용되고 있다. 그러나 가장 기본이 되는 숙변제거를 위한 방법으로는 식이섬유의 충분한 섭취와 미네랄, 비타민, 효소가 풍부한 싱싱한 야채 및 과일 그리고 발효식품의 섭취이다.

[유독물질 및 알코올] 간에서 만들어지는 대표적인 해독효소인 글루타치온은 유황을 함유한 아미노산이다. 글루타치온효소 한 분자에 4원자의 셀레니움이 들어있어 강력한 항산화력과 함께 체내 독소의 대부분을 제거 한다.

[중금속] 환경오염으로 인한 중금속에 의한 질병이 증가되고 있다. 특히, 수은과 같은 중금속은 신경을 마비시키는 독성을 가지고 있으며, 중금속의 체외배설은 미네랄 밸런스가 가장 중요하다. 1920년 독일계 미국의사 막스거슨박사(Dr.Max Gerson)에 의하면 모든 질병의 원인이 간의 독소누적에 따른 피로에 있으며 또한 세포내에 있어야 할 포타슘(칼륨) 대신 소디움(나트륨)이 들어차 있기 때문에 체내 효소 활동이 제한되는 것에서 비롯된다고 보았다. 인체 내 독소의 제거는 효소활성을 위한 미네랄의 밸런스가 무엇보다 중요하다.

미네랄이 부족하면 짜증을 잘 내고,
신경질적이며 스트레스에 쉽게 노출된다

미네랄은 체내에 흡수되면 대부분은 유기물인 단백질과 결합하여 유기미네랄상태로 조직 및 세포의 구성요소로써 존재하나 일부는 이온미네랄 상태로 혈액 및 체액에 남아 온몸을 순환하면서 신경 및 전기전달을 원활히 해주는 역할을 담당한다.

미네랄이 부족하면 신경이 불안전하여 신경질적이다. 짜증을 잘 내고, 매사에 부정적이다. 삐치기를 잘하고, 마음에 여유를 갖지 못하여 싸우고 나면 먼저 사과하는 법이 없다. 늘 불안하고, 초조하며, 우울증에 시달리기도 한다. 심하면 폭력적으로 바뀔 수도 있다. 불면증에 시달린다. 마음이 공허하며, 주의가 산만하고 엉뚱한 행동을 할 수도 있다. 심하면 폭력적일 수도 있다.

ADHD(주의력 결핍 과잉행동장애)증상을 보이는 어린이들은 대부분 미네랄 결핍과 중금속(납, 알루미늄, 수은 등)의 과잉상태를 나타낸다.

특히, 철분결핍 상태인 것으로 사료된다는 요지의 논문이 나와 시선을 집중시키고 있다. 프랑스 파리 소재 로베르 데브르 병원의 에릭 코노팔 박사팀은 최신호에 발표한 논문에서 철분결핍이 뇌 내부의 신경전달물질인 도파민의 기능에 이상을 유발하고, 이로 인해 ADHD 증상이 나타나는 것으로 사료된다는 것이다.

특히, 코노팔 박사는 "ADHD 증상을 보이는 어린이들에게 철분 보충제를 복용하도록 할 경우 효과를 볼 수 있을 것"이라고 피력했다. 연구팀은 ADHD 증상을 보이는 53명의 어린이들과 건강한 27명의 대조그룹 어린이들을 대상으로 혈중 철분농도를 측정하는 시험을 진행했다. 철분 축적량은 혈중 페리친(ferritin)의 농도를 측정하는 방식으로 파악됐다.

페리친 농도 측정법은 ADHD 증상의 정도(程度)를 가늠하는 척도로 활용되고 있는 표준적인 방식이다. 그 결과 ADHD 증상을 보이는 어린이들 가운데 84%에 달하는 42명에서 페리친 농도가 정상적인 수준에 미치지 못했던 것으로 드러났다. 반면 대조그룹에서는 18%에 해당하는 5명에서만 페리친 농도에 이상이 눈에 띄었다. 또 페리친 농도가 지나치게 낮게 나타난 경우는 ADHD 그룹의 경우 17명에 달해 전체의 32%가 해당되었던데 비해 대조그룹에서는 단 한명만이 이 같은 케이스에 해당되었던 것으로 분석됐다.

미네랄은 기억력, 판단력, 집중력에 도움을 주어 학습능력을 높여 준다

미네랄이 손실되면 기억력, 판단력, 집중력 모두가 저하된다. 술을 먹게 되면 알코올 해독과 관련하여 소변량이 늘어난다. 소변과 함께 손실되는 것이 해독, 효소와 관련이 있는 다량의 미네랄이다. 미네랄 손실은 기억력 감퇴를 초래하여 술취한 사람들이 횡설수설 하게된다. 같은 예로 심한 운동으로 땀을 많이 흘리게 되면 정신이 혼미해지게 되는데, 물과 함께 손실되는 미네랄에 주목할 필요가 있다. 미네랄은 체내 수분의 이동을 조절하는 영양소이다. 미네랄은 신경과 전기전달 물질이다. 미네랄이 부족한 사람은 기억력, 건망증이 심해진다. 중요한 약속을 쉽게 '깜빡' 거릴 수 있다. 집 주소, 전화번호, 심지어 가족들 이름이 갑자기 생각나지 않는 경우도 있다. 책을 보면 책장만 건성으로 넘기기가 일쑤이다. 열심히 공부해도 성적이 오르지 않는다.

주의력 결핍 과잉행동장애(ADHD) 증상을 보이는 어린이들은 대부분이 미네랄부족, 중금속 과잉상태로 나타나고 있다. 특히 미네랄 중 아연(Zine)이 부족하면 집중력, 기억력, 두뇌활동 저하, 아토피 피부염 악화 등 다양한 문제를 일으킨다. 아연은 학습 미네랄, 피부 미네랄 등 수많은 별명을 가지고 있을 만큼 다양한 기능을 한다.

칼슘(Calcium)이 부족하면 주의력이 산만해지고 불안하고 초조해진다. 칼슘은 기억력과 집중력을 향상시키며, 뇌세포의 신경안정제로서 흥분 역시 빨리 가라앉힌다. 불면증의 치료용도로도 사용된다.

마그네슘(Magnesium)은 정신적인 흥분을 가라앉혀주고 스트레스를 적게 받도록 해주기 때문에 천연 진정제로 불리는 미네랄 성분이다. 또 비타민 B2의 활성에 관여함으로써 뇌신경 전달물질 합성에 영양을 주어 머리를 좋게 하는 미네랄로 평가 받기도 한다. 마그네슘이 부족하면 우울증, 두통, 초조, 불면증이 생기고 월경 전 증후근이나 월경통이 생길 수 있다. 특히 성장기 어린이들의 성장통을 일으키는 원인이 되기도 한다.

이온상태의 대부분의 미네랄은 외부로부터 오는 정보를 선택적으로 받아들이는 정보의 안테나인 셈이다. 뿐만 아니라 뇌로부터 60조의 세포로 전달되는 모든 정보의 전달자이다.

변비[便秘, constipation]는 만병의 원인!
식이섬유와 미네랄부족이 주원인이다

"변을 본다"라는 말은 실제로 용변 후에 자기의 변을 잘 관찰하라는 뜻이다. 건강의 척도는 변의 상태를 보면 알 수 있다. 좋은 변이란 변의 색상, 변의 크기, 변의 강도, 변의 냄새 등을 통하여 알 수 있다. 나쁜 변이란 장내에 오래 머무르는 변, 심하게 탈수된 변, 잔변감 등이다.
변은 24시간이라는 긴 시간을 통하여 만들어지는 한편의 드라마와 같다.
입을 통하여 섭취된 음식은 10m나 되는 장을 거치면서 영양분은 체내로 흡수되고, 나머지는 변으로 만들어져서 체외로 배설되기까지 약 24시간이 소요가 된다. 좋은 변, 흔히 바나나 변을 만들기 위해서는 변의 원료인 식이섬유가 충분해야 한다. 식이섬유는 변의 원료일 뿐만 아니라 대장의 부패균과 유익균의 밸런스를 유지하는 중요한 역할을 담당한다.

그리고 미네랄을 충분히 섭취해야 한다. 미네랄은 자율신경을 촉진하여 장의 운동을 돕는 일을 담당한다.

미네랄은 장의 연동운동과 분절운동을 활발하게 해주는 중요한 역할을 담당한다. 그리고 소화작용을 돕는 싱싱한 야채, 과일과 발효음식을 충분히 섭취하고, 음식을 충분히 씹어서 먹는 습관이 황금변을 만드는 좋은 습관이다.
변비의 원인은 대부분 불규칙한 식사로 부터 비롯된다. 운동부족으로 인한 복부근육이 약해졌을 경우, 대장의 경련, 감염성 장 질환, 중추신경계 혼란, 지나친 장 완하제(緩下劑)의 사용도 원인으로 볼 수 있다. 또한 최근에는 스트레스에 의한 변비가 원인인 경우가 많다. 스트레스에 의한 변비는 환경의 변화, 심리적인 변화, 약물복용 등에 의한 변화 등이 변비의 원인이 되고 있다. 변비의 증상은 복부 팽만감, 복부 불쾌감이 생기며, 두통, 식욕감퇴, 구강악취, 피부트러블 등 전신증상이 생긴다. 변비는 만병을 불러올 수 있다. 또한 건강에 이상이 생기면 변비가 거꾸로 찾아 올 수 있다. 매일 변을 잘 관찰하는 일은 매우 중요한 일이다.

술이 취해서 횡설수설하는 것은
미네랄 부족현상이다. 미네랄은 숙취에 좋다

술을 먹으면 기억력이 저하되어 횡설수설하는 현상과 가끔 기억력상실(필름이 끊긴다.)이 나타나는 현상은 혈중알코올의 처리과정에서 대량으로 소모되는 미네랄 때문이다. 음주 시 미네랄 보충은 반드시 필요하다. 숙취도 미네랄 부족 때문이다. 술을 먹으면 많은 양의 미네랄이 소변과 함께 사라지고, 해독해소의 활발한 움직임과 함께 미네랄이 대량으로 사용된다.

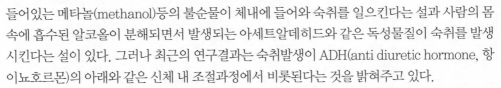

숙취란 급성알코올중독에 수반하여 나타나는 두통, 메스꺼움, 무기력증, 기억력저하 등의 불쾌한 증상이 수면에서 깨어난 뒤까지 계속되는 현상을 의미한다. 이러한 숙취를 발생시키는 원인으로 일반적으로 알려진 이론은 알코올 음료 속에 들어있는 메타놀(methanol)등의 불순물이 체내에 들어와 숙취를 일으킨다는 설과 사람의 몸속에 흡수된 알코올이 분해되면서 발생되는 아세트알데히드와 같은 독성물질이 숙취를 발생시킨다는 설이 있다. 그러나 최근의 연구결과는 숙취발생이 ADH(anti diuretic hormone, 항이뇨호르몬)의 아래와 같은 신체 내 조절과정에서 비롯된다는 것을 밝혀주고 있다.

혈중 알코올농도가 증가하면 ADH호르몬의 감소로 인해서 소변이 자주 마렵거나 땀이 나는 현상이 나타난다. 이는 혈중 알코올을 수분(소변)을 통해서 신속히 배출시키기 위한 현상이 나타나는 것이다. 한편 시간이 경과 할수록 알코올분해효소(alcoholdehydrogenase)가 알코올을 분해시키면서 혈중알코올농도는 떨어짐으로써, 인체는 ADH수치를 다시 상승시키게 되는데 이때 ADH수치를 상승시키기 위해서는 다량의 전해질 즉, 이온미네랄을 필요로 하게 된다. 즉, 술이 깨는 과정에서 이온미네랄이 다량으로 필요하고 이때 체내에 혈액이나 체액에 존재하는 이온미네랄을 급하게 가져와 보충을 하게 된다.

술이 깨는 과정에서 발생되는 이온미네랄의 대이동 현상으로 인해서 숙취의 대표적 현상인 두통, 메스꺼움, 무기력증 등의 현상이 발생하게 된다. 이러한 이유 때문에 숙취는 술이 깨는 과정 중에 발생하며, 술이 완전히 깨기 직전에 숙취가 가장 심해지는 것이다.

어린이 성장발육과 골다공증에는
칼슘을 중심으로 한 미네랄 밸런스가 중요하다

인체는 200개 정도의 뼈로 구성되어 있으며, 성장이 완료된 성인일지라도 뼈를 이루는 골세포는 끊임없이 파괴되고, 재생되는 과정을 반복한다. 뼈라고 해서 나무토막처럼 가만히 있는 것이 아니다. 뼈는 골아세포(骨芽細胞)에서 만들어 지는데, 혈액 중에 있는 칼슘을 공급받아 뼈를 만든다. 새로운 뼈가 만들어지면 늙은 뼈세포는 파골세포(破骨細胞)가 되어서 떨어져 나가고, 그 과정에서 칼슘은 다시 혈액으로 방출된다.

뼈의 주성분은 인산칼슘과 단백질로 구성되어 있다. 뼈 속의 무기질(칼슘과 인) 분포량을 골밀도라고 하는데, 뼈를 만드는 골아세포와 파세세포의 균형은 뼈의 상태를 결정한다. 두 세포간의 균형이 무너지면 골밀도에 변화가 일어난다. 성장기의 어린이는 뼈를 생산하는 골아세포(骨芽細胞)의 기능이 활발하여 성장이 촉진되며, 20세를 전후하여 최대의 골량치에 도달한다. 따라서 성장기 어린이의 칼슘의 공급은 필수적이다.

그러나 칼슘의 대사과정에는 칼슘만이 필요한 것이 아니라 마그네슘을 비롯한 각종 미네랄의 밸런스와 비타민D 등의 활성물질이 종합적으로 필요하다.

특히, 여성의 경우 골밀도의 양이 40대가 되면 남성에 비교하여 급격히 감소하는데, 이는 여성 호르몬의 감소와 관련이 있다. 골다공증 또는 골연화증으로의 진행은 하루아침에 찾아오는 것이 아니라 최소한 10년 이상의 잘못된 식습관, 생활습관이 원인이다.

어린이들의 성장발육과 어른들의 골다공증 예방을 위해서는 뼈를 만드는 골아세포의 활성을 위하여 첫째 칼슘을 포함한 마그네슘 등 각종 미네랄 밸런스와 비타민D의 부족이 초래되지 않도록 하여야 하며, 골아세포의 활성을 저해하는 탄산음료, 고염식, 고당식, 고지방식, 고산성 식품의 섭취를 제한하여야 한다.

자율신경[自律神經, nerve autonomici]
눈가 떨리는 현상에는 미네랄(마그네슘)이 좋다

눈꺼풀, 눈 떨림 현상은 대부분 마그네슘(Mg+)결핍에 의하여 나타난다. 마그네슘(Mg+)은 대표적인 부교감신경에 작용하는 근육의 이완작용에 관여하는 미네랄로서, 인체의 기능에 있어서 전해질과 효소 활성기능을 갖는데 필수적인 미네랄이다. 마그네슘은 칼슘(Ca+)과 매우 긴밀하게 작용한다. 세포내의 비 생리학적(NonBiologica)칼슘의 배출과 생리학적(Biological)칼슘의 흡수에 중요한 역할을 담당한다.

마그네슘(Mg+)은 세포내에 존재하면서 에너지 생산을 총괄하는 효소계(EnzymeSystem)의 70%에 관계하며, ATP를 ADP로 전환시키는 에너지 전환작용에 절대적으로 필요하며, 혈관확장, 근육경련방지 등 자율신경에 중요한 작용을 한다. 자율신경(自律神經:nerve autonomici)은 운동신경 중에서 대뇌의 지배를 받지 않는 운동 신경으로 이루어진 신경계이다. 따라서 자율신경이 조절하는 일은 우리 의지로는 할 수 없는 것들이다.

자율 신경은 교감신경과 부교감 신경으로 나뉜다. 교감 신경은 15쌍이며, 모두 척수에서 나오는 척수신경이다. 교감신경은 심장의 박동을 촉진시키며, 혈관이 수축되도록 해주는 일 외에 호흡 운동을 촉진시킨다. 미네랄 중에서 대표적으로 칼슘이온이 있는데, 교감신경에 작용하여 심장 및 혈관의 수축, 근육의 수축, 장의 수축작용에 관여한다. 부교감 신경은 모두 8쌍인데, 간뇌, 연수, 중뇌에서 나오는 뇌신경이 5쌍이고, 척수에서 나오는 척수신경이 3쌍이다. 부교감신경의 작용은 교감신경과 반대여서 심장의 박동을 억제해 주고, 혈관을 확장시켜 주며, 호흡운동을 억제한다. 미네랄 중에서 대표격인 마그네슘이온이 부교감신경에 작용하여 심장 및 혈관의 이완, 근육의 이완, 장의 이완작용에 관여한다.

눈 떨림 현상 뿐만 아니라 갑자기 쥐가 난다거나, 심장병, 고혈압, 변비 등의 증상이 나타날 수 있다. 미네랄은 에너지의 전달물질이며, 에너지의 조율자이다.

섹스[性:sex]미네랄 - 아연
바람둥이 카사노바가 즐겨 먹은 음식에 아연 풍부

이탈리아 출신의 카사노바(1725.4.2~1798.6.4)는 모험가, 성직자, 작가, 군인, 첩자, 외교관 등 다양한 경력의 소유자이다.

배우의 아들로 태어난 카사노바는 젊은 시절 추문을 일으켜 성 치프리아누스 신학교에서 쫓겨나 화려하고 방종한 생활을 시작했다. 잠시 로마 가톨릭 추기경 밑에서 일하다가 베네치아로 가서 바이올린을 연주하고, 1755년 베네치아로 돌아온 카사노바는 마법사로 고발되어 5년동안 총독 관저에 있는 감옥에 감금한다는 선고를 받았다. 1756년 10월 31일 그는 극적으로 탈옥해 파리로 가서 1757년 파리에 복권을 처음 소개해 명성을 얻고 귀족들 사이에 이름이 알려졌다. 그는 보헤미아의 둑스성에서 발트슈타인 백작의 도서관 사서로 일하면서 말년(1785~1798)을 보냈다. 카사노바는 도서관의 사서로 일하던 말년까지 숫한 여인들과 사랑을 나누며 일생을 마친 난봉꾼(바람둥이)의 대명사로 잘 알려진 인물이다. 카사노바가 즐겨먹은 음식이 굴요리인데, 영양 전문가들이 굴과 정력(스테미너)과의 관계를 밝혀내기 시작하였고, 굴에는 아연이 풍부한 것으로 확인하였다. 아연은 성미네랄(섹스미네랄)로 불리기 시작하였다. 굴에는 아연만 풍부한 것이 아니라 마그네슘을 비롯한 미량 미네랄들이 대단히 풍부하다.

아연은 1974년 이후 과학협회에 의해 필수영양소로 인정되었다.

아연은 인체에 약 1.5~2g 존재하며 철분만큼 풍부하다. 식사에서 보통의 아연 섭취량은 대략 10mg이며, 권장섭취량보다 1/3더 적은 양이다.

아연은 다양한 효소반응에 관여하며 특히 뇌 속에 거의 모든 효소반응은 아연과 관련이 있다. 아연결핍이 있을때 에너지 소모와 지방저장 사이의 반응을 결정하는 효소의 활동이 둔화된다는 것이 쥐 간이 검사에서 나타난다.

그 결과는 포도당이 에너지로 소모되기 보다는 지방조직에 저장될 수 있는 혈 지방을 만들도록 바뀌어 진다.

정자는 상당한 양의 아연을 함유한다. 뿐만 아니라 정자의 활동성이 아연과 관련이 있는 것으로 밝혀지고 있다. 특히 불임검사를 받은 환자의 10~15%는 아연수치가 매우 낮다는 것을 한 연구원이 발견하였다. 사실 남성들이 관심이 많은 정력(스테미너)은 아연을 중심으로 한 각종 미네랄들의 밸런스가 가장 중요하다.

천연 이온 미네랄의 보고!
해양심층수 – 깊은 바다 4,000년 된 이온미네랄

모든 생명의 근원이 원시바다에서 비롯되었다는 사실은 진화론을 믿는 사람들의 일치된 견해다. 바다 기원설은 우리에게 미네랄이 생명의 근원임을 알려주는 또 다른 시사점이 된다. 지구의 70%를 차지하고 있는 바다는 98%가 물이며, 나머지 2%가 염분과 미네랄로 구성되어 있다. 최근 해양심층수가 건강상품으로 각광받고 있는 것은 우연이 아니라 이런 배경 속에서 탄생한 것이다.

해양심층수는 해류를 따라 흐르던 바닷물이 그린랜드 지역의 빙하와 만나면서 급격히 차가워져 밀도가 높아지고, 또 일부 바닷물이 얼면서 빠져나온 염분이 함께 섞이면서 깊은 바다 밑 200m에서 4,000m까지 내려가 새로운 띠를 형성하면서 생긴 바닷물을 의미한다.

이 심층수는 표층수와 20도 이상의 온도 차이로 인해 거의 섞이지 않고 4,000년이라는 아득한 세월동안 한 번도 대기와 접하는 일이 없이 심해의 지구를 한 바퀴 돌아 다시 북대서양까지 오게 된다. 대표적인 심층수의 특징은

- **부영양성** : 칼슘이나 마그네슘 등 세포의 작용을 돕는 미네랄이 포함되어 있고 인체가 필요한 성분을 골고루 함유하고 있다.
- **청정성** : 표면해수로부터 200m 이하에서는 유기물의 농도가 낮고 대장균이나 일반세균에 의한 오염이 거의 없고 육지나 대기로부터의 화학물질에 의한 오염의 가능성도 적기 때문에 매우 깨끗한 물이다.
- **낮은 수온성** : 일년 내내 저온으로 온도변화가 적고 안정되어 있다.
- **숙성성** : 수천 년 동안 형성된 물이기 때문에 성질이 안정되어 있다.
- **고 미네랄** : 필수 미량미네랄 등 다양한 미네랄이 균형 있게 포함 되어있다.

해양심층수의 특징보다 해양심층수에 포함되어 있는 각종 미네랄들이 이온화되어 있어 인체가 흡수하기 용이하다는 점이다. 이는 해양심층수가 저온과 높은 압력 때문에 밀도가 높아져 있고 오랜 시간에 걸쳐 숙성되어지기 때문으로 알려져 있다. 해양심층수가 함유하고 있는 미네랄이 이온 미네랄이라는 점은 매우 큰 장점이라고 볼 수 있다.

천연 이온 미네랄의 보고!
Great Salt Lake

Great Salt Lake 이온미네랄 미국 FDA GRAS인증

미국 유타주 북부에 있는 호수 솔트 레이크(Salt Lake)는 이온 미네랄의 공급원으로 매우 독특한 특징을 갖고 있다. 호수 솔트 레이크는 길이가 120Km이고 폭이 48Km로 수면은 약 3,900 평방Km이며, 해발 1,280m의 고산지대에 위치해 있다.

솔트 레이크가 있는 지형은 원래 태평양의 일부분이었으나, 백악기 말의 조산운동으로 지형이 융기하면서 형성된 내륙호이다. 이 호수가 위치한 지역의 기후는 겨울에는 매우 춥고 눈이 많이 오며, 여름에는 사막성 기후이다. 이러한 독특한 기후환경은 솔트 레이크를 세계 최고의 이온 미네랄 공급원으로 탄생시켰다.

호수를 둘러싸고 있는 산맥에 겨우내 쌓인 눈이 봄에 녹아 호수로 유입되면서 풍부한 미네랄을 끌어오게 되고, 여름의 사막성 기후는 물을 자연 증발시켜 호수의 미네랄 함유도를 높이게 된다. 더욱이 호수의 물이 빠져나갈 수 있는 배출구가 없고 오직 자연적인 증발만이 유일한 수분의 배출구이다. 수억 년 동안 진행된 이러한 과정은 자연스럽게 이 호수로 하여금 풍부한 미네랄을 이온 형태로 함유하도록 만들었다. 또한, 솔트 레이크가 갖고 있는 특징 중의 하나는 호수의 미네랄은 중금속을 거의 함유하지 않고 있다는 점이다. 그 이유는 첫째, 사막지대로 인간이 만들어 배출하는 오염물질로부터 격리될 수 있었으며, 둘째는 호수가 갖고 있는 염분과 미네랄의 독특한 구성이 호수 내 중금속의 축적을 방지한다는 점이다. 호수로 유입되는 냇물의 중금속 함유량과 호수에서 채취한 물의 중금속 수치를 비교한 조사결과를 보면 호수에서 채취한 물의 중금속 수치가 훨씬 낮다는 사실에서도 알 수 있다.

이처럼 솔트 레이크의 미네랄은 그 안전성과 품질면에서 식품으로 가공되기에 천혜의 조건을 가지고 있음을 알 수 있다. 솔트 레이크에 용해된 미네랄의 성분이 인체의 체액(혈장, 림프액, 양수 등)과 비슷하다고 하는 점이 미국 유타주 정부의 조사로 밝혀짐에 따라(미국 지질탐측보고서 1980년, 유타주, 문서번호 제2332호) 더욱 각광받기 시작하였다.

사실 이러한 과학적인 분석보다도 더 중요한 임상사례가 있다. 일찍이 이 일대에 거주하던 원주민인 쇼오니 인디언들은 이미 솔트 레이크의 이온 미네랄의 자연치유 능력을 알고 질병에 걸렸거나 외상을 입은 경우에 솔트 레이크의 물이나 근처의 식물(솔트 레이크의 미네랄을 함유)을 이용해서 이를 치료해 왔던 사실이다.

미네랄 잘 먹는 법!
매일 먹는 모든 음식에 미네랄을 넣어 먹는다

미네랄 섭취방법

구분	음식량	미네랄 양	비고
물	200ml(1컵)	3방울	알칼리수가 된다.
밥	1인분	5방울	밥이 맛있고, 잘 쉬지 않는다.
국	1인분	5방울	국이 맛있고, 깊은 맛을 낸다.
찌게	1인분	3방울	찌개가 맛있고, 깊은 맛을 낸다.
나물무침	1컵 분량	3방울	깊은 맛을 낸다.
삼겹살	200g	5방울	육질이 부드럽고, 고소하다.
커피	1잔	2방울	깊고, 부드러운 맛을 낸다.
술(소주)	1잔	2방울	술이 순해지고, 숙취가 없다.

상기의 미네랄 섭취방법은 수분과 천연미네랄이 50 : 50의 비율로 구성된 액상상태의 천연 이온미네랄을 기준으로 하였다. 주요 구성성분은 해수에 녹아 있는 천연상태의 미네랄 구성비율에서 염화나트륨(NaCl)을 제거한 파우더에 50%의 정제수를 희석한 후 장기간 숙성한 액상 상태이며, 지표물질은 마그네슘으로서 1일 섭취기준량을 220mg로 하였으며, 1일 2ml(약30방울) 섭취를 기준으로 하였다.

과거에는 미네랄을 별도로 챙겨 먹지 않아도 음식물을 통해서 필요 충분한 양을 섭취할 수 있었으나, 최근에는 미네랄은 별도로 보충해 주지 않으면 안 되는 필수 영양소가 되었다. 환경오염, 화학농법 등에 의한 토양의 산성화가 그 원인이다. 미네랄이 부족하면 아무리 배불리 먹어도 영양실조에 걸릴 수 밖에 없다.

미네랄이 부족하면 다른 영양소(단백질, 지방, 탄수화물, 비타민)는 대사를 하지 못한다. 정작 영양이 필요한 60조의 세포는 영양실조 상태이고, 불필요한 곳에 지방형태로 쌓여 비만, 심혈관계 질병을 일으킨다.

우리가 매일 먹는 모든 음식에 미네랄을 함께 보충하는 것이 미네랄 부족을 줄이는 방법이다.

미네랄의 외용 사용법!
미네랄은 잇몸 및 피부세포의 활성화에 도움을 준다

미네랄 외용법

구분	사용방법	비고
양치질	미네랄원액 4방울을 칫솔에 떨어뜨린 후 사용한다.	잇몸이 약해서 이가 시리거나 풍치에 많은 도움을 준다.
거친 피부 두피질환	세안(머리감기)후 축축한 상태에서 미네랄원액 5방울을 골고루 발라준다.	피부가 밝아지고, 두피가 튼튼해져서 비듬, 탈모예방 등에 도움을 준다.
아토피/알레르기/ 얼굴건조	소형 스프레이(10㎖)에 미네랄 원액 약10방울을 희석하여 분사한다.	한번 희석한 스프레이의 미네랄 물은 3일을 넘기지 않도록 소량을 사용한다.
벌레 물린 곳	모기 등 벌레 물린 곳은 원액을 해당 부위만 꼭 찍어서 발라줌	원액을 사용함으로써 바르는 부위가 넓어지지 않도록 한다.

죽염치약을 많이 사용한다거나 치아를 발취하고 나면, 소금물로 헹구어 본 경험이 있을 것이다. 활성 미네랄의 에너지 공급으로 잇몸을 튼튼하게 해주는 역할 때문이다. 또한 피부에 미네랄을 사용함으로서 피부건강에 많은 도움을 줄 수 있다. 일반적으로 피부는 2개의 층으로 이루어져 있는데, 주요 보호막인 바깥쪽의 표피(表皮)와 안쪽의 진피(眞皮)가 있다. 2개층의 피부세포는 약 28일간의 짧은 수명으로 태어나고 살아지기를 반복하는데, 외부의 환경변화에 가장 영향을 많이 받는 세포들이다. 조금만 방심하여도 피부는 즉각 반응한다.

미네랄이 피부의 활성을 높여준다. 최근 미네랄을 주성분으로 한 화장품이 쏟아져 나오는 이유이기도 하다. 피부의 NMF(천연보습인자)는 아미노산50%+미네랄19%로 구성되어 있다. 미네랄이 피부의 수분조절의 핵심이다.
이온 상태의 미네랄은 표피의 천연보습인자(NMF)미네랄과 상호작용으로 피부의 Life-cycle인 28일을 정상화시켜 피부를 밝고 건강하게 한다.

미네랄의 토양 시비법!
미네랄이 부족한 토양에는 미생물이 살 수 없는
산성토양이 된다

토양이 죽으면 생명은 없다.

성인병 대란은 밥상의 문제이기 이전에 들판의 문제이다. 토양의 산성화는 병약한 농작물이 생산되고, 결국에는 인간이 병들어간다. 토양 산성화의 직접적인 원인은 화학비료이다.

주로 생리적 산성비료로 분류되는 황산암모늄($(NH4)2SO4$), 황산칼륨($K2SO4$), 염화암모늄($NH4Cl$) 등은 비료성분 자체는 중성을 띠지만, 토양의 수분에 녹아 $NH4+$와 $K+$가 뿌리로 흡수되고, 남은 $SO42-$와 $Cl-$가 황산과 염산으로 작용하여 토양을 산성화 시킨다. 뿐만 아니라 질소질 비료($NH4+-N$)는 토양 중에서 질산화성균에 의하여 질산으로 바뀌는데, 이때 생성된 질산이온($NO3-$)이 토양으로부터 용탈될 때, 알칼리성 양이온인 $Ca+$, $Mg+$을 동반하기 때문에 토양의 산성화를 촉진 시킨다.

토양산성화의 두번째 원인은 환경오염에 의한 대기오염이다. 주요 대기오염물질인 황산화물($SO..$)과 질소산화물($NO..$)은 대기 중으로 방출된 후 눈, 비 등 여러 형태로 토양에 도달한다. 이들은 마지막으로 황산과 질산으로 되기 때문에 토양에서 이를 중화시킬 알칼리성 물질이 필요하다. 토양 중에 알칼리류(Ca, Mg)가 부족하면 토양의 산성화가 빠르게 진행되는 것이다.

마지막으로 토양산성화는 눈, 비에 의해서 발생한다.

공기 중에는 약 350ppm의 이산화탄소가 존재한다. 이산화탄소는 물과 반응하게 되면 탄산이 생성되기 때문에 정상적인 강수라 하더라도 pH 5.6의 약산성을 띠게 된다. 오염된 대기와 눈·비에 의한 토양의 산성화는 더욱 빠르게 진행된다. 토양의 산성화는 토양의 미생물이 살 수가 없는 죽은 땅이 된다. 미생물이 없는 산성토양에서는 유기물분해가 일어나지 못하여 수분보유능력이 떨어지고, 유기물이 갖고 있는 미네랄을 이용할 수 없는 척박한 토양이 되어, 농작물이 잘 자랄 수 없고, 질병에도 약하다. 토양의 산성화를 막는 방법은 객토(살아있는 흙의 투입)와 $Ca+$, $Mg+$등 염기류인 미네랄 시비법이 필수이다.

화학농법(농약, 비료, 제초제)과 대기오염에 의한 토양의 산성화는 성인병 대란의 뿌리이다. 미네랄 시비법은 유기농법(organic gardening)의 기본이다. 좋은 땅이란 알칼리 토양을 말하며, 미네랄이 풍부한 토양을 가리킨다.

미네랄의 가축 사육법!
항생제 없는 여물통이 성인병 대란 잡는다

항생제는 '한 미생물(세균)이 다른 미생물의 성장을 저해하기 위해 만든 천연물질' 이다. 즉, 다른 세균으로부터 자신을 보호하기 위해 세균이 스스로 만든 독성물질이다. 토양의 산성화에 의한 미네랄 부족은 사람이 먹는 농작물이나 가축이 먹는 사료에 미네랄 불균형은 심각하다. 이로 인한 가축 농가들은 예방 목적에 의한 항생제 투여가 날로 심각한 수준에 이르고 있다.

미네랄 투여에 의한 무 항생제 가축사육에 대한 많은 연구가 시행되고 있으며, 성공사례가 속속 보고되고 있다. 지난 2007년 미네랄대학과 (주)두루원 생명공학연구소 공동으로 육계 50,000마리를 대상으로 무 항생제 육계사육을 실시하였다. 30일 동안 항생제 투여 없이 미네랄 투여만으로 육계사육에 성공하였다. 미네랄투여 무 항생제 사육실험에 직접 참여한 농가에서는 대조군에 비교해서 축사에 닭똥 냄새가 현격하게 줄었고, 무엇보다 병아리가 활기가 더 넘치고, 빠릿빠릿 하였다고 한다.

우리나라의 축산, 수산업에서 사용되는 사료첨가용 항생제 사용량은 전체 항생제 판매량의 무려 54%를 차지한다. OECD 국가 중 단연 선두다.

항생제 사용 중에서 전체 56%에 달하는 항생제가 '예방 목적' 으로 사용된다는 점이 더 심각하다. 예방을 목적으로 하는 항생제 투여는 내성균 발생 가능성을 더욱 높이기 때문이다. 가축, 어류에 잔류하는 항생제는 그대로 사람에게도 전달될 수 있다는 점이 가장 큰 문제다. 항생제가 육류나 어류를 통해 인체에 흡수되면, 가뜩이나 항생제 내성이 심한 우리나라 사람들에게 질병의 확산을 부를 수도 있다. 서울대 수의대 박용호 교수의 조사 보고서는 사료첨가 항생제 남용이 심각한 수준에 이르고 있음을 보여준다. 그는 지난 5월 서울에서 열린 '항생제와 그 내성에 관한 국제 심포지움' 에서 한국과 덴마크의 항생제 사용량을 비교 분석했다. 한국은 덴마크에 비해 돼지의 경우 7배 이상, 소의 경우는 2배가 넘는 항생제를 사용한다. 덴마크의 축산 농은 닭을 키울 때는 항생제를 거의 사용하지 않는다는 내용을 담고 있다.

또 강원대 수의학과 김두 교수는 닭에서 분리한 포도상구균(식중독 유발균)의 경우 항생제(테트라사이클린)에 대한 내성률이 96%에 달했다는 연구결과를 발표했다. 1998년부터 항생제 남용을 엄격히 규제한 덴마크는 같은 균의 내성률이 2%에 불과하다. 내성율이 96%라는 것은 100마리의 균에게 항생제를 투여 하였을 때 96마리가 살아남는다는 의미이다.

축산 농가들이 항생제를 투여하는 이유는 항생제 없이는 가축을 사육할 수 없는 분명한 이유가 있기 때문이다. 토양의 산성화가 불러온 미네랄 부족이 그 원인이다.

제 2 장

MINERAL UNIVERSITY

자 료 실

Magnesium

Mg
마그네슘

Magnesium(마그네슘)
글쓴이 : 관리자
조회 : 651

인터넷검색 | 미네랄대학 〉 미네랄자료실 〉 NO29 ▼

Facts

마그네슘은 신체 내에서 네 번째로 많은 양이온이다. 체내에서 발견되는 대략 60%는 뼈 내부에 들어 있고, 나머지 40%는 근육과 비근육성 연조직에 분포된다. 보통의 개인은 대략 1일 200~250mg을 섭취한다는 것이 식이요법 조사에서 지속적으로 나타난다. 성인에 대한 마그네슘 권장량은 1일 300~400mg이다. 갑작스런 심장 사망의 발생은 연질의 물을 마시는 사람보다 경질의 물을 마시는 사람들 사이에서 더 낮다. 결과적으로 경질의 물속에 들어있는 높은 수치의 마그네슘은 심장사망을 막는 방어적 요인으로 제시되었다.

Functions

마그네슘은 신체 내 300개 이상의 효소 작용을 포함하여 많은 생물학적 기능을 위해 필요한 필수 영양소이다. 아미노산의 활성화와 DNA의 합성과 퇴화에 작용하고, 신경전달과 면역기능에 중요한 역할을 한다. 마그네슘 결핍은 심장혈관계 질병, 고혈압증, 천식, 만성적 피로, 통증 증후군, 우울증, 불면증, 민감성 장 증후군, 많은 폐질환의 근본 원인일 수가 있다는 것이 수많은 연구에서 나타난다. 마그네슘은 연조직의 석회화를 방지하는데 필요하다. 동맥 내벽에 방어적 효과가 있고 혈압변화로 야기되는 스트레스로부터 동맥을 보호한다. 마그네슘은 편두통에 긍정적인 영향을 줄 수 있다. 비타민 B-6과 함께 복용하면 칼슘 인산염 신장결석을 줄이고 용해시키도록 도울 수 있다. 식사에 마그네슘을 보충하면 우울증, 현기증, 근육약화, 경련, 생리전증후군(PMS)을 방지한다. 칼슘, 인, 나트륨, 칼륨을 포함한 다른 미네랄의 흡수와 동화를 촉진하고 비타민 B 복합제, 비타민 C와 E를 이용할 수 있게 한다.

Requirements

현재 권장량은 0~6개월 유아 30mg, 7~12개월 75mg, 1~3세 80mg, 4~8세 130mg, 9~13세 240mg, 남성 14~18세 360mg, 남성 19~30세 400mg, 남성 30세 이상 420mg, 여성 14~18세 360mg, 여성 19~30세 310mg, 여성 30세 이상 320mg이다.

Note

스트레스는 마그네슘에 대한 필요성을 증가시킨다. Mildred Seelig (M.D, M.P.H)에 따르면 운동, 고온에서 하는 작업, 수술, 외상을 포함하는 신체적 스트레스와 심리적 스트레스는 마그네슘에 대한 필요성을 증가 시킨다. "스트레스는 에피네프린(부신 분비요소)과 코프티코스테로이드의 분비를 야기 시켜 동물과 인간에게 마그네슘 손실을 초래한다. "식품의 지방, 단백질 당, 알콜 섭취와 같은 다른 요인들이 신체 내 마그네슘 상태에 영향을 준다.
임신한 여성과 나이든 사람들은 음식물에 충분한 마그네슘을 섭취할 필요가 있다.

Signs of Deficiency

마그네슘 결핍증세는 혼란, 불면증, 과민, 불안, 소화불량, 빠른 맥박, 발작, 당뇨, 심장부정맥, 심혈관계 질병, 고혈압증, 천식, 만성적 피로, 만성적 통증증후군, 우울증, 민감성 장증후군, 조기출산, 자간전증을 포함한다.

Signs of Toxicity

Arrhythmia

마그네슘과 칼륨의 보충은 부정맥을 치료한다.
무작위 추출된 이중맹검 연구에서, 자주 심실부정맥이 일어나는 232명의 환자들이 3주간 1일 마그네슘 6몰/12몰의 칼륨- dc -아스파르트화수소로 치료받거나 플라시보로 치료받았다.
마그네슘과 염화칼륨의 경구 투여는 빈번하고 지속적인 조기 부정맥이 있는 환자에게 처방되었을 때 부정맥 방지효과가 있었다. 3주간 두 미네랄의 1일 최소 권장량을 50% 증가 시키면 적절하지만 상당한 부정맥방지효과를 초래한다. 캘리포니아 대학 연구원들은 마그네슘을 이용하여 표준치유법에는 반응하지 않는 부정맥 환자들을 치료하였다.

Asthma

천식이 없는 사람에 비해 천식을 앓고 있는 사람들은 마그네슘 수치가 낮다는 것에 연구원들은 주목했다. 세포내 마그네슘 수치는 천식이 있는 실험대상에서 더 낮고, 천식이 있는 집단과 없는 집단에서 메타콜린에 대한 기도 반응과 상관관계가 있다. 아토피성 실험대상자는 기관지 과로 반응이 있는 경우와 없는 경우가 있다. 이것이 세포내 마그네슘 수치는 천식이 있는 실험대상에서 더 낮다고 보고한 첫 번째 연구는 아니다. 골격근육과 천식이 있는 실험대상에서 나오는 다형핵 세포내의 낮은 마그네슘 수치는 전에 입증된 바 있다.

Attention Deficit Disorder (ADD)

폴란드의 한 연구에 따르면 ADD진단을 받은 어린이에게 마그네슘, 아연, 구리, 철, 칼슘의 미네랄 농축은 건강한 ADD가 없는 어린이에 비해 낮았다. ADD진단을 받은 어린이에게 미량원소를 보충하는 것이 중요하다는 것을 연구원들이 보여준다.

Diabetes

마그네슘은 인슐린 작용에서 두 번째 전달물질의 역할을 한다. 반면에 독일의 연구결과에 따르면, 인슐린 자체는 세포내 마그네슘의 중요한 통제요소라는 것이 입증되었다. 연구원들은 장기간의 마그네슘 보충이 당뇨 환자에게 인슐린 작용을 향상시킬 수 있다고 말한다.

Zinc

Zn 아연

Zinc(아연)
글쓴이 : 관리자
조회 : 663

인터넷검색 미네랄대학 〉 미네랄자료실 〉 NO32 ▼

Facts

아연은 필수 미량 미네랄로 1.5~2g 존재하며 철분만큼 풍부하다. 아연은 1974년 이후 과학협회에 의해 인정되었다. 서양식 식사에서 보통의 아연 섭취량은 대략 10mg이며, 권장섭취량보다 1/3 더 적은 양이다.

Functions

아연은 신체 내에서 다양한 기능을 한다. 뇌 속에 거의 모든 효소 반응은 아연과 관련이 있다. 탄수화물 소화와 신진대사를 포함하여 소화와 신진대사에 관련된 최고 25개 효소의 성분이다.
아연은 일반적인 성장과 재생기관의 적절한 발달, 갑상선기능에 필수적이다. 여드름을 예방하도록 도와주고 유선의 활동을 조절한다. 또한 단백질 합성과 콜라겐 형성을 돕고, 건강한 면역체계를 촉진시키고, 상처치료를 돕고, 시력, 미각, 후각을 향상시킨다. 아연은 인슐린과 중요한 여러 효소의 성분이다. 자유 라디칼 형성을 방지한다. 아연은 또한 비타민 A의 흡수를 증가 시킨다.

Requirements

1일 권장량은 다음과 같다. 유아 5mg, 10세 미만 10mg, 남성 10세 이상 15mg, 여성 10세 이상 12mg, 임신중 15mg, 수유기 0~6개월 19mg, 7~12개월 16mg 이다.

Signs of Deficiency

증상은 성장지체, 성적 성숙지연, 상처치유 기간연장, 미각과 후각감퇴, 부서지고 얇은 손톱, 여드름, 피로, 머리카락 빠짐, 높은 콜레스테롤 수치, 야간 시력저하, 성적불능, 감염성 증가, 불임, 기억력감퇴, 당뇨병 성향, 갑상선 질환, 식욕부진, 감기와 독감재발, 피부손상 등이 있다.

Note

알콜흡수, 신체적, 정신적 스트레스, 피로, 감염에 대한 민감성, 부상과 같은 여러 요소들이 아연에 대한 필요성을 증가 시킨다.

Signs of Toxicity

과도한 아연 섭취는 구리와 철의 신진대사를 방해한다. 중독 증상은 위장의 고장, 현기증, 메스꺼움, 면역장애, 불리한 콜레스테롤 수치 변화 등이 포함된다. 영양소 치료 처방에 따르면 1일 100mg 이상의 아연을 섭취해서는 안된다. 100mg 미만의 복용량은 면역기능을 향상시키지만 100mg 이상 복용하면 반대 효과가 있다.

Current Research

Blood Sugar : Pediatrics Annals에서 발표한 동물연구 결과에 따르면 아연 결핍은 신체의 포도당 처리 방법에 영향을 준다. 아연결핍이 있을 때 에너지 소모와 지방 저장 사이의 반응을 결정하는 철로 형태의 스위치로 작용하는 아연에 의존하는 효소는 활동이 둔화된다는 것이 쥐 간이 검사에서 나타난다. 그 결과는 포도당이 에너지로 소모되기 보다는 지방조직에 저장될 수 있는 혈지방을 만들도록 바뀌어 진다.

Immune Function : 가슴에 위치한 흉선(Thymus)은 박테리아, 바이러스, 암세포의 침입에 대항하는 첫 번째 항체인 백혈구를 공급하고 영양을 제공한다. 흉선은 아연으로 가득 차 있어 세포분열과 단백질 합성에 필요하다. 흉선은 또한 면역에 중요한 아연에 의존하는 호르몬, FTS를 분비한다. 적은 양의 아연 결핍도 FTS활동을 방해한다는 것이 연구에서 밝혀졌다. 다운 증후군이 있는 사람들은 FTS와 아연이 둘 다 부족하다. 다운 증후군 어린이에게 체중 kg당 아연 1mg을 투여할 때 감염이 더 적게 되었고, 학교에 빠지는 날이 더 적었다.

Fertility :정자는 상당한 양의 아연을 함유한다. 불임검사를 받은 환자의 10~15%는 아연수치가 매우 낮다는 것을 한 연구원이 발견하였다.

Obesity : Platon Collip(M.D.)은 아연이 결핍된 어린이들이 배고픈 느낌과 배부른 느낌의 차이를 구분할 수 없다는 것을 밝혀냈다. 아연이 결핍된 어린이는 식사를 중단시키는 내부 신호에 의존하지 않는 것 같다. "아연 결핍은 신체의 자기통제 기능과 관련된, 충분히 먹거나 마셨을 때 알려주는 일종의 충족장치인 뇌의 일부에 영향을 줄 수 있다고 생각한다."

Osteoporosis : 아연에 의존하는 호르몬은 뼈의 신진대사와 관련이 있다.
현재 연구원들은 '아연은 약한 뼈가 칼슘을 흡수하도록 도와준다'고 가정한다. 터키의 연구원들은 골다공증이 있는 사람은 골다공증이 없는 사람보다 아연수치가 25% 더 낮다는 것을 입증하였다.

Copper

Cu 구리

인터넷검색 │ 미네랄대학 〉 미네랄자료실 〉 NO33 ▼

Facts

구리는 철의 흡수, 저장, 신진대사와 관련이 있다. 인체는 대략 50mg ~ 120mg 의 구리를 함유하고 있다. 구리는 뇌, 심장, 신장에 농축되어 있으나 간에서 가장 농축도가 높고 에너지와 해독 과정에 기여한다.

혈액속의 수치는 평균적으로 여자는 120mg/dl , 남자는1 19mg/dl 이다. 구리는 주로 작은창자에서 흡수되고, 어느 정도는 위에서 흡수된다.

미국 농무성 연구원들에 의하면 과당 섭취증가는 구리 결핍을 상당히 약화 시킨다.

1일 칼로리의 20%를 과당에서 섭취하는 사람들은 적혈구 SOD수치가 감소하는 것으로 나타났다(SOD : 적혈구 세포내에서 산화 방지제 보호에 필수적인 구리에 의존하는 효소)

Functions

뼈, 헤모글로빈, 적혈구 생성에 도움을 준다. 구리는 철을 창자 강관으로부터 적혈구 세포로 전환하고, 운반하는데 도움을 준다. 탄력소를 형성하는데 아연, 비타민C와 균형을 이루어 작용한다. 치료과정, 에너지생산, 머리카락과 피부색, 미각의 민감성과 관련이 있다.

심장혈관계의 발달과 유지에 관련이 있다.

뇌에서 몸으로 신호를 전달하고 그 반대로 전달하는데 도움을 준다.

norepinephrine을 포함해 뇌에서 신경전달물질을 만들고 조절하는 것과 관련이 있다.

산화방지 효소인 SOD활성화에 역할을 한다.

특히 갑상선, 자궁, 폐, 간, 뇌, 적혈구세포, 신장, 뇌하수체에서 산화로 인한 손상을 막아준다.

Requirements

1일 기준량은 2mg 이다. 안전하고 적절한 1일 흡수량은 다음과 같다.

0~6개월 유아 0.4~0.6mg, 6개월~ 1세 0.6~0.7mg, 1~3세 0.7~1.0mg, 4~6세 1.0~1.5mg, 7~10세 1.0~2.0mg, 11세 이상 1.5~2.5mg, 성인 1.5~3.0mg

Signs of Deficiency

구리 결핍증상은 전반적인 허약, 골다공증, 빈혈증, 대머리, 설사, 피부통증, 호흡기 장애를 포함한다.

Safety

과다한 구리 섭취는 배탈과 메스꺼움을 일으킬 수 있다. 구리 흡수는 철과 아연을 과다하게 섭취하여 감소시킬 수 있다. 비타민C 보충은 구리를 감소시킨다.

Toxicity

어린이가 복용하면 구리(3g)는 치명적일 수 있다. 구리가 녹아있는 구리 수도관을 통과하여 식수를 마시는 사람들에게서 구리 중독이 가끔 보고 된바 있다.

구리 중독의 증세는 메스꺼움, 빈혈, 허약, 설사, 두통, 입안의 금속성 맛, 피부염, 신경장애, 탈색을 포함한다. 월슨병은 연조직에 과도한 구리축적이 일어나는 유전적 장애로 신장, 뇌, 간에 손상을 일으킬 수 있다.

골다공증

구리는 뼈 속에 교원질(콜라겐)의 교차 결합과 관련이 있어서 골다공증과 관계가 있다.

폐경기 이후 여성에게 구리와 아연의 보충은 골밀도의 보존과 척추뼈 손실 방지와 관련이 있었다. Ireland, Ulster대학 연구원들은 구리가 골다공증 방지에 중요한 역할을 한다고 결론지었다. 73명의 폐경기 이후 여성들이 음식에 구리 3mg 또는 플라시보를 보충했다.

2년 후, 연구가 끝났을 때 보충한 집단은 뼈의 미네랄 밀도를 유지한 반면에 플라시보를 투여한 집단은 상당한 양의 뼈를 손실했다.

면역기능

음식으로 구리 섭취를 증가시켜 혈액의 구리 수치를 정상으로 되돌린 후에도 구리가 결핍된 음식은 면역기능의 손상을 초래할 수 있다.

San Francisco에 있는 미국 농무성의 인간 영양연구 센터에서 실시한 연구에 의하면 2개월간 구리가 부족한 식사를 하고 이어서 2~3mg의 구리를 포함한 식사를 하는 건강한 남성들이 구리가 결핍된 기간에는 면역기능 지수는 감소하였고 구리섭취를 증가시켜 혈액의 구리 수치를 정상으로 되돌린 후에도 위태로운 상태였다.

성장

구리는"음식물 섭취와 성장을 위한 음식물 이용의 효율성에 대한 영향을 통해서 성장속도를 감소시킨다." 고 캘리포니아 대학연구원들은 결론을 내린다. 쥐를 이용한 그 연구는 구리가 부족한 식사는 성장을 방해한다고 밝혔다.

Calcium

Ca 칼슘

Calcium(칼슘)
글쓴이 | 관리자
조회 | 541

인터넷검색　　미네랄대학 〉 미네랄자료실 〉 NO35 ▼

Facts

칼슘은 신체 내에서 가장 풍부한 미네랄이다.

칼슘은 탄소, 수소, 산소, 질소 다음으로 신체 내에서 다섯 번째로 흔한 물질이다. 약 30세 까지 칼슘의 재흡수로 칼슘 손실량을 능가하기 때문에 뼈의 밀도와 성장은 증가하게 된다. 30세 이후 신체는 점차 칼슘을 잃게 되어 뼈 미네랄은 점차 고갈된다.

심한 운동은 칼슘의 동화를 방해하는 반면에 적절한 양의 운동은 칼슘의 동화를 향상시킨다.

여성 운동선수와 폐경기 여성은 낮은 에스트로겐 수치 때문에 증가된 양의 칼슘을 필요로 한다. 에스트로겐은 뼈 속에 칼슘의 축적을 촉진함으로써 골격시스템을 돕는다. 과도한 칼슘섭취는 아연, 마그네슘, 철의 흡수를 방해한다. 마찬가지로 마그네슘, 아연, 철의 과도한 섭취는 칼슘의 흡수를 방해 할 수 있다.

칼슘은 천천히 신체에 흡수되기 때문에 하루 중 적은 양을 복용한다면 칼슘보충은 더 효과적이다. 야간에 칼슘을 섭취해야 하는 또 다른 이유는 칼슘이 숙면을 촉진하는데 유용하기 때문이다.

Functions

칼슘은 강한 뼈와 치아의 형성과 건강한 잇몸 유지에 필수적이다.

칼슘은 뼈의 성장속도를 증가시키며 골다공증과 관계있는 뼈의 손실을 방지한다.

칼슘은 규칙적인 심장박동 유지와 신경자극 전달에 중요하다.

칼슘은 콜레스테롤 수치를 낮추도록 도와주고, 심장혈관계 질병과 결장암을 포함하여 어떤 형태의 암을 방지하도록 돕는다.

칼슘은 혈액응고과정에서 중요한 원소로 상처치료의 초기단계에서 도움을 준다.
또한 칼슘은 혈액 속에 산이나 알칼리의 과도한 축적을 막아준다.
칼슘은 지방을 분해하여 신체가 이용하게 하는 리파제를 포함하는 여러 효소의 작용과 관계가 있다. 또한 칼슘은 적절한 세포막 상투성을 유지하고 신경근육 활동을 도와주고 산모 사망의 첫 번째 원인인 임신 중의 자간전증(임신 중독증의 일종)을 방지한다.

Requirements
성인과 호르몬 대체 치료(HRD)를 받는 폐경기 후 여성을 위한 권장량은 1일 1,000~1,200mg 이다. HRD를 받지 않는 여성은 RDA가 1,500mg 이다. 다른 여러 연령집단의 RDA는 다음과 같다. 유아 0~0.5세 210mg, 0.5~1세 290mg, 1~3세 어린이 500mg, 4~8세 800mg, 9~18세 1,300mg, 19~50세 성인 1,000mg, 50세 이상 성인 1,200mg

Signs of Deficiency
칼슘결핍은 관절통증, 습진, 부서지기 쉬운 손톱, 혈중 콜레스테롤상승, 고혈압, 심계항진증, 근육경련, 구루병, 충치, 류마티스 관절염, 인지장애, 우울증, 심한 경우에는 경련, 망상증세와 관련이 있다.

Safety
재발하는 신장 결석증, 신장병, 암, 부갑상선기능 항진증이 있는 사람들이나 칼륨 경도 저지 약품을 복용하는 사람들은 칼슘제품을 복용하기 전에 의사나 보건전문가의 상담을 받아야 한다.

Signs of Toxicity
비타민 D와 함께 하루 수 그램의 칼슘을 섭취하면 연조직에 칼슘 축적을 초래할 수 있다. 칼슘과다 복용은 철, 마그네슘, 아연을 포함한 다른 미네랄의 흡수를 방해할 수 있다.

Current Research

Arthrities : 관절염
Nutrition Almanac에 따르면 "관절염은 뼈 칼슘의 고갈에 의해 종종 발생하는 골격의 경직상태로 칼슘의 정기적인 보충으로 도움을 받을 수 있다. 초기 칼슘 섭취가 관절염을 방지하도록 도울 수 있다. 류마티즘도 칼슘 치료법으로 도움을 받을 수 있다."

Blood Pressure 고혈압 :

칼슘 보충은 고혈압을 낮출 수 있다. Cornell 의대 연구원들은 26명의 고혈압증 성인들을 연구하여 2,000mg의 칼슘을 처방하였다. 6개월 후 연구원들은 크지 않지만 지속적인 혈압감소를 발견하였다.

– 연구 초기에 평균혈압 164/91에서 연구 종료 시에 154/89로 감소.

Cancer :

Memorial Sloan-Kettering 암 센터와 뉴욕 Cornell의대 연구원들은 결장암의 가족력이 높은 사람들에게 1,250mg을 주었을 때 칼슘이 과다한 세포 복제를 감소시킨다는 것을 발견하였다. 과다한 세포복제는 결장암에 걸리기 쉬운 사람들에게 흔히 나타난다.

칼슘 보충 전에 세포증식은 결장암에 걸리기 쉬운 사람들에게 예상된다는 것을 연구원들이 발견하였다. 그러나 2~3개월의 칼슘 처방 후에 세포 복제(증식)은 더 낮아졌고 결장암 위험이 더 낮은 사람들과 거의 동등한 수준이 되었다. 연구원들은 칼슘이 담즙과 지방산을 묶어두어 결장 내벽에 일으키는 자극을 줄여서 세포 증식과 결장암을 감소시킨다는 것을 이론화했다.

Osteoporosis : 골다공증

어린이, 청소년, 젊은 성인, 중년 여성들에게 칼슘 증가는 골밀도를 증가시킬 수 있다는 것이 연구에서 밝혀졌다. 그러나 Alexander Schauss에 따르면 뼈의 미네랄 밀도를 향상시키거나 유지하기를 바란다면 "뼈 형성과 항상성 유지에 필수적인 모든 영양소를 적절하게 섭취하는 것이 중요하다."

사실상 미량원소와 같은 다른 미량 영양소들이 적절한 뼈의 신진대사와 재흡수에 필요하다는 것이 두 연구에서 밝혀졌다. 한 연구에서 폐경기 이후의 여성 집단에 미량원소와 칼슘보충제의 복합제, 칼슘보충제, 플라시보(위약)가 투여되었다.

미량원소와 칼슘보충제의 복합제를 복용한 집단에서 골밀도는 증가하였다. 칼슘보충제만 복용한 집단에서 골밀도는 평균 1.25% 감소하였다. 플라시보를 투여한 집단에서 골밀도는 3.53% 감소하였다.

두 번째 연구에서 HRT를 받는 폐경기이후 여성들에게 칼슘 500mg, 마그네슘 600mg, 구리 2mg, 망간 10mg을 함유한 복합비타민, 복합미네랄 보충제가 투여되었다. 보충제를 복용한 실험대상자들은 $0.303g/cm^2$에서 $0.337g/cm^2$로 골밀도가 증가하는 것을 경험하였다.

Chromium

Cr 크롬

인터넷검색   미네랄대학 〉 미네랄자료실 〉 NO36   ▼

Facts

크롬은 당분과 지방 신진대사에 필수적인 원소이다.

크롬은 인슐린의 효능을 증가 시키는 작용을 한다.

영양소 치료 처방에 따르면 미국인 3명중 2명이 고혈당, 또는 당뇨병 증세가 있다.

비 정상적 혈당은 크롬결핍과 정제된 백설탕, 흰밀가루, 즉석식품이 많은 식사에 의해 위험해 질 수 있다.

상당수의 미국인들이 하루 20mcg 미만을 섭취한다고 다이어트 조사에서 밝혀졌는데 이것은 영양소 필요량을 충족하기에 일반적으로 부족하다.

활동적 크롬의 형태는 포도당 허용요소 또는 GTF크롬으로 불려진다.

Functions

크롬은 인슐린 작용의 효과를 증가 시킨다. 그래서 포도당 신진대사와 관련이 있고 콜레스테롤, 지방, 단백질의 합성에 중요하다.

크롬 picolinate(자연적으로 발생하는 아미노산 대사물질)은 체중감소를 촉진하고 마른 근육조직을 증가 시킨다는 것이 연구에서 밝혀졌다.

낮은 혈장 크롬 수치를 지닌 사람들은 관상동맥 심장 질환의 징후 일수도 있다는 것이 연구에서 밝혀졌다.

Requirements

현재 1일 권장량은 없다.

크롬은 탄수화물과 지질(脂質)신진대사에 이롭기 때문에 ESADDI이 정해졌다. 섭취량은 다음과 같다.

0~6개월 유아 10~40mcg, 6개월~1년 유아 20~60mcg, 1~3세 20~80mcg, 4~6세 30~120mcg, 7세 이상 50~200mcg

Signs of deficiency

크롬 결핍증세는 피로, 불안, 포도당과민증, 아미노산, 물질대사 부족, 혈장이 없는 지방산 증가, 신경장애 및 동맥경화증 위험 증가 등이 포함된다.

Safety

당뇨가 있는 사람들은 크롬이 인슐린 필요량에 영향을 주기 때문에 크롬 보충제, 특히 크롬 picolinate를 복용하기 전에 먼저 의사나 보건 전문가의 상담을 받아야 한다. 저혈당을 가진 사람들은 과다한 크롬을 복용하면 저혈당 증상을 겪을 수도 있다.

Signs of Toxicity

영양소치료 처방에 따르면 과다한 크롬 섭취는 위의 자극, 궤양 및 신장과 간에 장애를 일으킬 수 있다.

Current Research

Gestational Diabetes : 임신 중의 당뇨

Santa Barbara의 Sansum Medical Research Foundation연구원들에 의하면 크롬, 마그네슘, 칼륨, 비타민B-6을 부족하게 섭취하면 임신 중 당뇨가 있는 여성에게 저혈당 증세 경향을 유발할 수 있다.

Heart Disease

크롬 보충제는 심장 혈관계 질병을 유발한 위험요소를 줄일 수 있다는 것이 최근의 연구결과에서 밝혀져 있다. 이스라엘 Shaare Zecelc Medical Center의 연구원들은 아테롬성 동맥경화증 진단을 받은 76명의 환자에게 크롬 250mcg 보충이 혈청 글리세리드 수치를 낮추고, 고밀도 리포 단백질의 수치를 높여 준다는 것을 밝혀냈다.

동물연구에서 동일한 연구원들은 크롬 보충제가 토끼에게서 플라크, 대동맥 무게, 콜레스테롤 농축으로 덮혀 있는 대동맥 내막 표면을 줄인다는 것을 발견하였다.

Diabetes

크롬은 중국의 Type2당뇨를 가진 사람들의 포도당 내성, 인슐린, 헤모글로빈을 향상 시킨다고 밝혀졌다.

중국에서 실시된 연구에서 1일 1,000mcg 의 크롬을 사용하면 Type2 진성 당뇨병 증세의 징후를 완화하는데 대단히 효과적이었다.

별도의 연구에서 약간 고혈당을 가진 사람과 약간 저혈당을 가진 사람에게 250mcg 의 크롬이 투여 되었다.

약간 고혈당을 가진 실험대상에서는 혈당수치의 대략 20point 의 상당한 감소가 나타났다.

저혈당을 가진 사람에게서는 크롬 보충제가 혈당수치에서 10point 증가를 나타냈다.

Cobalt

Co

코발트

Cobalt(코발트)
글쓴이 | 관리자
조회 | 466

인터넷검색 미네랄대학 〉 미네랄자료실 〉 NO37 ▼

Facts

코발트는 비타민 B-12의 절대 필요한 부분이 되는 미량미네랄이다. 그래서 코발트의 기능은 B-12와 본질적으로 같다. 코발트는 주로 간에 저장되어 양이 감소하고 비장, 신장, 췌장에서 발견된다. 혈액의 코발트 농축도는 대개 80mcg/ml에서 300mcg/ml사이 이다.

Functions

코발트는 신체 내에서 많은 효소들을 활성화시킨다.
적절한 기능에 주된 역할을 하며 다른 세포들 뿐만 아니라 적혈구 세포의 형성과 유지를 촉진한다. 여러 효소들을 활성화 할 때 아연과 망간을 대체할 수 있다.

Requirements

1일 권장량은 없다. 평균 1일 섭취량은 대략 5~8mcg이다.

Signs of Deficiency

Nutrition Almanac(연감)에 따르면 코발트의 결핍은 악성 빈혈증세와 느린 성장속도의 원인이 될 수 있다.

Signs of Toxicity

증세는 창백함, 피로, 설사, 심계항진증, 손가락과 발가락의 저림(무감각)이 포함 된다.

Current Research

코발트와 비타민 B-12의 치료법 응용을 위한 비타민 B-12에 관한 모노그래프를 참조할 것

Iron

Fe 철

Iron (철)
글쓴이 | 관리자
조회 | 563

Facts
철은 산소를 운반하고 적혈구내 헤모글로빈과 근육에 미오글로빈을 형성하는 필수미네랄이다.
철은 페리틴 형태로 간, 비장, 골수에 주로 저장된다.
헤모글로빈 색소가 없는 철은 음식 속에 있는 철의 주요 원천이고, 헤모글로빈 색소가 있는 철보다 더 부족하게 흡수된다.

Functions
철은 헤모글로빈과 미오글로빈의 생산과 관련이 있다.
헤모글로빈은 산소를 폐에서 신체로 운반해준다.
철은 많은 효소들에 필수적이며, 성장과 적절한 인지 기능에 중요하다.
철은 에너지 생산과 적절한 면역체계를 유지하는데 중요하다.

Requirements
생리, 임신, 부족한 철분 섭취 때문에 철분 1일 권장량은 남성보다 여성에게 더 높다.
철분 권장량은 0~6개월 유아 6mg, 6~10개월 10mg, 18세 이상 남성과 50세 이상 여성 12mg, 11~18세 남성 12mg, 11~50세 여성(수유 중 여성포함) 15mg, 임신 중 여성 30mg이다.

Signs of Deficiency : 결핍증

Alexander Schauss에 따르면 철분 결핍은 세상에서 가장 흔한 결핍질병 중의 하나이다.

철분 결핍은 장출혈, 과다한 생리로 일어날 수 있다.

인이 많이 함유된 음식, 소화 장애, 장기간의 질병, 궤양, 과격한 운동, 과도한 땀, 위장 내 염산부족, 장기간의 산중화제 복용 등은 모두 철분 결핍의 원인이다.

증상에는 빈혈, 머리카락과 손톱 부서짐, 인지장애, 소화 장애, 현기증, 피로, 골절, 머리카락손실, 집중력 장애, 구강조직염증, 추위에 대한 과민증, 창백함과 전반적인 허약 등이 포함된다.

20~49세 여성들에게 철분결핍 빈혈은 5%의 여성들에게 영향을 준다.

어린이에게 철분 결핍은 행동장애, 인지능력 부족과 관련이 있다.

Interactions : 상호작용

적절하거나 많은 양의 칼슘, 아연, 비타민E는 철분흡수를 방해 할 수 있다.

구리, 망간, 몰리브덴, 비타민A, B복합 비타민은 완전한 철분 흡수에 필수적 역할을 한다.

비타민 C도 철분흡수를 향상시킨다.

철분보충은 철분저장장애가 있는 사람들에게는 안전하지 않다.

철분은 과다하게 복용하면 어린이에게 치명적일 수 있다.

감염성 질병이 있는 경우 철분 보충제를 복용해서는 안 된다.

Prescription for Nutritional Healing 에 따르면 감염시에 철분의 추가 섭취는 신체 내 박테리아 증식을 조장할 수 있다.

Signs of Toxicity

철분의 수치가 높으면 신체 내에 자유로운 기(基)의 생산을 증가 시킬 수 있다. 과다한 철분은 심장병, 암과 관련이 되어왔다.

Current Research

Cognition : Michigan 대학과 Chile 대학 연구원들에 따르면 유아기 철분 결핍은 결핍증을 고친다 해도 여러 해 후에 시력과 청각에 영향을 줄 수 있다. 연구원들은 84명의 칠레 어린이를 연구했다.

41명의 어린이가 유아기에 철분 결핍빈혈로 진단을 받았고 43명은 그렇지 않았다.

연구원들은 시각과 청각 자극에 대한 어린이들의 반응시간을 측정해서 유아기에 철분 결핍증이 있던 어린이들이 반응시간이 더 느리다는 것을 발견했다.

Exercise and Endurance

철분보충은 운동능력을 향상 시킬 수 있다.

Alexander Schauss에 따르면 철분 보충은 헤모글로빈과 혈청 페리틴 수치를 증가시키는데 영향을 준다.

동물연구에서 지구력은 철분 보충 후에 3배 이상 증가하는 것으로 밝혀졌다.

Immunity

Boston 대학 연구원들에 따르면, 철분은 감염을 피하도록 도와준다.

철분은 식세포(백혈구)가 박테리아 감염에 대항하여 신체를 방어 할 수 있게 한다.

식세포는 박테리아를 죽이는 물질을 생산하기 위해 철분이 운반해오는 산소에 의존한다.

또한 림파구와 항체생산도 철분에 의존한다.

철분은 또한 바이러스에 감염된 경우 중요하다.

Cold Tolerance

동물연구에서 24시간 동안 39℃에 노출된 빈혈증이 있는 쥐들은 병이 들었다. 그에 비해 빈혈이 없는 쥐들은 노출에 견디어 냈다.

뿐만 아니라 빈혈이 있는 쥐들은 더 낮은 체온, 산소소모량 감소, 갑상선 활동 감소, 신진대사 활동 감소를 나타냈다.

Potassium

칼륨

Potassium(칼륨)
글쓴이 | 관리자
조회 | 518

인터넷검색 미네랄대학 〉 미네랄자료실 〉 NO43 ▼

Facts

미국영양과학협회에 따르면 K+형태의 칼륨은 세포의 가장 필수적인 양이온이다.
칼륨의 농도는 나트륨–칼륨 펌프를 통과하는 세포막에 의해 조절된다.
칼륨은 신체의 전체 미네랄 함유량의 대략 5%를 차지한다. 저나트륨 음식은 신체 내에 칼륨의
보존을 향상시키고, 반면에 고나트륨 음식은 분비를 촉진한다. 또한 '영양치료처방'에 따르면
노화 과정에서 기능감소는 순환계손상, 무기력, 허약의 원인이 될 수 있다.

Functions

신체 내에 수분균형, PH, 분배를 유지할 뿐만 아니라, 건강한 신경체계, 규칙적인 심장 박동, 적
절한 근육기능을 위해 중요한 요소이다.
칼륨은 세포내 화학적 반응에 필요하고, 정상의 혈압을 유지하고 고혈압이 있는 사람에게 칼륨
은 최고(수축)혈압과 최저(확장)혈압을 상당히 낮출 수 있다. 세포물질대사, 효소작용, 혈액 속
아미노산으로부터 단백질을 합성하는데 역할을 한다. 인과 작용하여 산소를 뇌에 보내고, 건강
한 피부에 필요하다. 또한 신장을 자극하여 독성이 있는 노폐물을 제거한다.

Requirements

권장량은 없다. 보통의 섭취량은 대략 1일 100mEg이다. 일부 전문가들은 정상의 저장량과 혈청
과 체액의 농도를 확보하기 위해 최소 필요량은 1,600~2,000mg이상이어야 한다고 생각한다.

Signs of Deficiency

다량의 염분섭취로 야기되는 과도한 소변 손실로 칼륨 결핍은 더 흔해졌다. 증세는 비정상적 피부건조, 여드름, 오한, 인지장애, 변비, 우울증, 설사, 반사신경위축, 부종, 포도당과민, 심한갈증, 불면증 그리고 불규칙한 맥박, 불안 높은 콜레스테롤 수치, 근육약화, 주기적 두통, 구토 등이 포함된다.

Note

당뇨, 소화계질병이 있는 사람들은 종종 칼륨이 결핍되어 있다.
다량의 나트륨 섭취, 이뇨제사용, 신장질환, 과도한 스트레스 및 설사는 칼륨 수치를 교란 시킬 수 있다. 카페인 섭취와 흡연은 칼슘의 흡수를 감소시킬 수 있다.

Signs of Toxicity

미국영양과학협회에 따르면 소변 분비는 다량의 칼륨 축적을 방지한다.
급성 고칼륨 혈증은 심장 발작을 일으킬 수 있으나 복용량은 언급 된 바 없다.

Current Research

Hypertension : 이스라엘 연구원들은 평균연령이 60세인 채식가의 식사 습관을 비슷한 연령의 육식가와 대비하여 조사 하였다.
두 집단은 같은 양의 염분을 섭취했고, 고혈압에 대한 같은 유전적 경향을 보였다.
연구원들은 채식가에게 고혈압이 적게 발생한다는 것을 발견하였고, 이것은 고혈압 발병으로부터 채식가를 보호하는 칼륨이 풍부한 채소, 과일, 견과류 식사 때문이었다.
연구원들은 칼륨이 나트륨을 제거하기 때문에 고혈압에 효과적이라고 추측한다.

headache-Related Allergies : Nutrition 연감에 따르면, 칼륨은 신경자극을 뇌에 전달하는데 필수적이기 때문에, 두통을 유발하는 알레르기 치료에 효과적이라고 되어있다.

Muscle Cramps : James Knochel (M.D)에 따르면, 칼륨은 경련에 도움이 된다. "칼륨결핍은 주요 에너지원이 되는 글리코겐을 사용하는 근육의 능력을 손상시킨다.", "칼륨과 기타 미네랄의 결핍은 신경의 흥분성에 영향을 줄 수 있다. 일련의 근육경련 메시지를 전해주는 경향 또한 근육의 '피로역', 지치거나 경련을 일으키지 않고 더 많은 일을 할수 있는 능력에 영향을 끼칠 수 있다.

Selenium

Se

셀레늄

인터넷검색 미네랄대학 〉 미네랄자료실 〉 NO44 ▼

Facts

셀레늄은 신체 내에서 미량으로 발견되는 필수 미네랄이다.

간과 신장은 조직과 근육보다 4~5배 더 많은 셀레늄을 함유 한다.

셀레늄은 대개 소변을 통해 배출된다.

Functions

셀레늄의 주요 기능은 지방의 산화작용을 억제하는 것이다.

비타민 E와 결합되어 강력한 산화 방지재가 된다.

셀레늄과 비타민E는 항체를 생성하고 건강한 심장과 간을 유지하는데 상승효과 작용을 한다고 밝혀졌다.

산화 방지제로서 신체를 손상시킬 수 있는 유리기 라디칼의 형성을 억제하여 면역체계를 보호 한다. 또한 암 발생을 막아주는 방어 효과가 있다는 것이 밝혀졌다.

고도불포화유지 지방산의 산화작용을 지연 시켜서 신체조직의 탄력을 보존하도록 도와준다.

혈압에 영향을 주는 물질인 프로스타글란딘의 생성에 도움을 준다.

프로스타글란딘 결핍은 동맥을 혈소판 집합체로부터 자유롭게 하도록 도와주는 다른 물질의 결핍을 초래할 수 있다.

비타민E, 아연과 결합하여 전립선 확장을 줄이도록 도와줄 수 있다.

또한 셀레늄 보충은 알콜성 간경변, 암, 심장병, 불임, 노화 및 콜레스테롤 수치가 높은 사람들을 치료하는데 도움이 된다고 밝혀졌다.

Requirements

0~0.5세 10mcg, 05~1세 15mcg, 1~6세 20mcg, 7~10세 30mcg, 11~14세 남성 40mcg, 11~14세 여성 45mcg, 15~18세 50mcg, 성인남성 70mcg, 성인여성 55mcg, 임신 중 65mcg, 수유기 75mcg

Signs of Toxicity

피부손상, 머리카락과 손톱 부서짐, 과민함, 무기력, 입안의 금속성 맛, 창백함 등이 증상에 포함된다.

Current Research

Aging : 핀란드에서 15명의 양로원 거주자들이 비타민E 400mg, 셀렌산나트륨 8mg, 유기체 셀레늄50mcg을 투여 받았다.

그 연구의 결론으로 실험대상 집단은 정신적 기민함, 정서적 안정, 우울증, 불안, 피로, 기타 전반적인 건강의 측정에서 상당한 향상을 나타냈다.

Cancer : 암 발생 증가는 체내 셀레늄 수치가 낮은 것과 관련이 있다는 것이 연구에서 밝혀졌다. Surrey 대학 영양의학 교수 Margaret Rayman은 셀레늄이 고갈된 유럽의 토양 때문에 북미인들의 셀레늄 수치보다 유럽인의 셀레늄 수치가 훨씬 더 낮았다는 것을 발견하였다.

그 평론은 셀레늄 결핍과 조기 유산, 남성불임, 감정상의 문제, 심장혈관계 질병위험 증가, 관절염을 관련시킨다.

Diabetes

Cellular and Molecular Life Science에 발표된 최신의 연구에 따르면, 셀레늄은 포도당을 에너지 전환을 위한 조직으로 운반하는 인슐린 같은 미량미네랄이다. 연구원들의 셀레늄이 인슐린을 모방하는 메카니즘을 충분히 이해하지는 못하지만 신체는 신진대사 과정을 조절하는 복합시스템을 갖고 있다고 그 연구는 밝히고 있다. 연구원들은 당뇨가 있는 사람들이 보충제 식품 형태의 셀레늄에서 혜택을 얻고 있다고 믿는다.

Iodine

요-드

Iodine(요-드)
글쓴이 | 관리자
조회 | 503

인터넷검색   미네랄대학 〉 미네랄자료실 〉 NO39 ▼

Facts
요드는 장에서 요드화물로 전환되어, 소화관에서 흡수된 다음 순환된다. 대부분의 요드화물은 갑상선에 가두어지고, 갑상선 호르몬의 필수성분을 형성한다. 신체는 25mg의 요드화물을 함유하는 것으로 추정된다.

Functions
미량으로 필요한 요드는 초과 지방을 신진대사 하는데 도움을 주고 신체적, 정신적 발달에 중요한 원소이다. 요드는 갑상선의 적절한 기능을 위해 중요하고 갑상선이 확대되는 갑상선종의 예방을 위해 중요하다. 머리카락, 피부, 손톱, 치아의 상태는 모두 카로틴을 비타민 A로 전환하는 갑상선의 적절한 기능에 의존한다.

Requirements
권장량은 유아 40~50mcg, 1~3세 70mcg, 4~6세 90mcg, 7~10세 120mcg, 11세 이상 150mcg, 성인 150~200mcg이다.

Signs of Deficiency
성인에게 요드 결핍은 갑상선 호르몬 분비가 감소되는 갑상선기능 부전증을 초래할 수 있으며 무기력, 체중증가, 갑상선종을 일으키는 특징이 있다. 요드 결핍은 성장장애와 신경증을 유발하게 하고 많은 연구에서 갑상선암과 관련이 있었다. 성인여성에게 요드 결핍은 유방암과 관계가 있다. 어린이에게 요드 결핍은 정신지체, 성장장애, 동작, 언어, 청각장애와 크레틴병을 일으킬 수 있다.

Fluoride

불소

인터넷검색 | 미네랄대학 〉 미네랄자료실 〉 NO38 ▼

Facts
1972년에 불소화물은 충치발생감소에 역할을 하기 때문에 필수적인 미네랄로 인정되었다. 영양소 치료 처방에 의하면 미국 내 절반 이상의 도시들이 수돗물에 불소를 넣는다.

Functions
불소화물의 주된 기능은 치아 에나멜을 강화하는 것이다. 불소 섭취는 충치 발생을 감소시킨다. 불소는 또한 칼슘 축적을 증가 시켜 뼈를 튼튼하게 한다.

Requirements
안전하고 적절한 섭취량은 0~6개월 유아 0.1~0.5mg, 6개월~1세 0.2~1mg, 1~3세 0.5~1.5mg, 4~6세 1~2.5mg, 7세 이상 1.5~2.5mg, 성인 1.5~4mg이다.

Signs of Deficiency
미국에서 충치의 발생율이 높은 지역은 물에 불소를 넣지 않은 지역과 불소 섭취량이 낮은 지역이다. 골다공증을 방지하는데 불소화물 연구가 결합된다. 일부 연구는 방어효과를 나타내는 반면에 다른 연구에서는 불소화물의 다량섭취는 머리뼈 골절의 위험을 증가시킨다고 보고하고 있다. 뿐만 아니라 American Society for Nutritional Sciences Website에 따르면 통제된 실험조건하에서 칼슘과 함께 불소화물을 천천히 방출되도록 투여하면 어떤 사람들에게는 새로운 뼈의 형성을 자극하는 것으로 밝혀졌다.

Tooth Decay
동물연구에서 불소와 마그네슘을 함께 투여하면 에나멜을 단단하게 하는데
영향을 끼치고 충치발생을 상당히 감소시켰다.

Manganese

Mn 망간

Manganese(망간)
글쓴이 | 관리자
조회 | 497

인터넷검색   미네랄대학 〉 미네랄자료실 〉 NO41   ▼

Facts
망간은 주로 뼈, 간, 췌장, 뇌에 농축되어 있는 미량 미네랄이다. 평균적으로 대부분의 사람들은 매일 약 4mg의 망간을 분비한다. 망간의 식품원은 곡물식 전체, 계란, 씨앗, 녹색채소류를 포함한다. 대다수의 망간은 식품의 가공과 분해 과정에서 손실되고, 채소의 경우 망간 함유량은 토양 속에 들어있는 양에 의존한다.

Functions : 기능
망간은 여러 효소의 성분이며 콜레스테롤과 지방산의 합성에 촉매로 작용하고, 단백질, 지방, 탄수화물 생성에 역할을 한다. 뼈와 피부의 연골형성을 포함한 기타 여러 효소들을 활성화한다.
망간은 우유 생산과 소변의 성분인 요소의 형성에 중요하다. 망간은 성호르몬 생성을 유지하고, 신경과 뇌에 영양분을 주고 갑상선의 중요한 성분인 티록신의 형성에 필수적이다.

Requirements : 필요량
섭취량은 다음과 같이 추정된다. 어린이 1~3세 1~1.5mg, 4~6세 1.5~2mg, 7~10세 2~3mg, 11~14세 2~5mg, 성인 2~5mg

Current Research
General : 골다공증, 외상이 없는 간질, perthes 병이 있는 환자는 망간 수치가 낮았다. 또한 낮은 수치의 망간은 지방의 산화작용에 의해 발생하는 조직손상을 방지하는 망간-항산화제(superoxide dismutase)의 수치를 낮춘다. 이것은 결장암의 위험을 증가시킬 수 있다. 망간은 당뇨병 치료에 도움이 된다고 밝혀졌다.

Lithium

Li

리튬

Lithium(리튬)
글쓴이 | 관리자
조회 | 499

Facts

리튬은 모든 미네랄 중 가장 가볍고, 밀도가 물의 1/2이다. 리튬은 지구의 지각 층 전체에 분포되어 있다. 밀도는 유기토양 1.2ppm에서 충적토에서는 98ppm까지 다르다. 아직 필수미네랄로 입증되지는 않았지만 리튬이 신체 내에서 많은 역할을 한다는 증거가 늘어나고 있다.
1일 평균 섭취량은 10mcg~2mg로 추정된다. 1일 평균 배출량은 200~800mcg로 추정된다.

Functions

세포내의 핵 세포막의 호흡, 세포내 포도당의 흡수, 출산능력 향상, 아테롬성 동맥경화증에서 나트륨 불균형 치료, 고혈압증, 정신질환, 공격성과 관련이 있다. Alexander Schauss에 따르면, "아마도 리튬과 칼슘, 마그네슘 사이의 물리화학적 유사성 때문에 리튬은 뼈 성장속도에 직접 비례하여 뼈에 혼합된다는 다른 증거가 있다."

Requirements

정해진 권장량은 없다. 10일 평균 섭취량은 10mcg~2mg로 추정된다.

Signs of Deficiency

동물 연구에서(특히 암컷 염소) 리튬 결핍을 일으키면 출산능력 감소와 산후의 사망률 증가를 초래하였다.

Current Research

Sodium Imbalances: Schauss에 따르면, 1970년대 중반에 리튬이 인간에게 아테롬성 동맥경화 심장병을 일으키는 나트륨 불균형을 치료하는데 방어효과가 있다는 것이 밝혀졌다.

Molybdenum

Mo

몰리브덴

인터넷검색 │ 미네랄대학 〉 미네랄자료실 〉 NO42 ▼

Facts
몰리브덴의 농축도는 간, 신장, 부신, 뼈에서 가장 높다.
몰리브덴은 위장에서 흡수되고 소변에서 분지된다.

Functions
몰리브덴은 여러 효소의 성분이다. 아황산염 산화효소는 황 아미노산의 신진대사와 관련이 있다.
질소 화합물 산화효소는 요산 생성에 관련이 있고, 간에 보유된 철을 동원하는데 도움을 준다.
알데히드 산화효소는 지방을 산화하는데 필요하다.
몰리브덴은 구리 신진대사의 요소이다.

Requirements
안전한 섭취량은 다음과 같이 추정된다.
0~6개월 유아 15~30mcg, 6~12개월 20~40mcg, 1~3세 25~50mcg, 4~6세 30~75mcg,
7~10세 50~150mcg, 청소년과 성인 75~250mcg.

Signs of Deficiency : 결핍증세
Nutrition 연감에 따르면, 몰리브덴 결핍은 모든 분야의 식품 생산이 실질적으로 이용되는 수많은 정제, 가공기법 때문에 발생할 수 있다. 몰리브덴 결핍은 남성 성불능을 일으킬 수 있다.

Signs of Toxicity
증세는 설사, 빈혈, 성장둔화, 통풍 등이 포함된다.

Boron

B 브론

Facts

브롬(B)은 식물에 필요한 미량원소이다. 브롬은 최근에 인간과 동물에 영양적으로 중요한 미네랄로 정립이 되었다. 이 미네랄이 National Academy of Science에 의해 필요하다고 공식적으로 인정받지는 못했지만 과학계와 의료계 내에서 많은 생리적 기능들, 주로 칼슘과 뼈의 신진대사에서 그 역할에 대한 의견 일치가 커지고 있다. 브롬은 대부분의 조직에서 발견되지만 주로 뼈, 비장, 갑상선에 농축되어 있다. 과다한 브롬은 소변으로 분비된다.

Functions

이 미량미네랄이 칼슘과 뼈의 신진대사에 필요하고 골다공증과 관계된 뼈의 손실을 방지하도록 돕는다는 증거를 여러 연구들이 제공해 준다. 또한 여러 연구는 충분한 브롬섭취와 충치발생감소의 관련성을 밝혀냈다. 적절한 브롬섭취와 향상된 기억력, 기민함, 인지기능을 또한 연구에서 관련시켰다. 1일 3mg의 브롬보충이 칼슘과 마그네슘을 유지하게 하고, 테스토스테론과 에스트로겐의 혈청 농축도를 상승시킨다는 것이 연구에서 밝혀졌다. 브롬을 적절하게 섭취하는 남성들은 전립선암이 유발될 위험이 감소하였다. 브롬이 칼슘흡수력을 감소시키기 때문에 나이든 사람들은 1일 2~3mg의 브롬을 음식에 보충하면 이롭다. 일부 연구결과에서 브롬은 에스트로겐과 갑상선호르몬을 포함하여 여러 과정과 관련된 다른 물질의 신진대사에 영향을 줄 수 있는 역동적인 미량원소라는 것이 밝혀졌다.

Requirements

1일 권장량은 정해져 있지 않다. 미국에서 전형적인 1일 섭취량은 0.5mg~0.7mg으로 다양하다. 서양식 식사를 하는 사람들은 1일 0.1~0.5mg의 브롬을 섭취한다.

Chloride

Cl
염화물

Chloride(염화물)
글쓴이 | 관리자
조회 | 486

인터넷검색 　미네랄대학 〉 미네랄자료실 〉 NO30 ▼

Facts

신체가 필요로 하는 4개의 전해질 중의 하나로, 염화물은 신체 내에서 많은 기능을 수행한다.
체중의 약 0.15%를 구성한다.
나이가 들면서 염산이 더 적게 분비되어 적절한 소화 능력과 중요 영양소의 동화능력이 감소한다. 염화물은 장을 통해 쉽게 흡수되고, 초과량은 소변, 대변, 땀으로 분비된다.

Functions : 기능

염화물은 효소 촉진제이고 산염기와 수분 균형 유지와 관련이 있다.
세포막 안과 밖으로 용액을 통과시켜 용해된 입자의 농축상태가 세포막 양쪽에서 같아진다.
염화물은 질병이나 장기적인 이뇨제 사용의 결과인 신진대사 알칼리혈증을 조절한다.
여과장치로 작용하도록 간을 자극하여 신경전달과 정상적인 근육수축과 이완을 유지한다.
염화물은 중탄산염의 성분으로 적혈구세포와 혈장 안과 밖으로 이동한다.
이것은 혈장이 이산화탄소를 폐로 운반하여 분비되게 한다.

Requirements : 필요량

염화물에 대한 RDA(식품 권장량)는 정해져 있지 않다.
 National Academies of Science의 식품 영양 위원회는 1일 최소 염화물 필요량을 평가하였고
필요량은 다음과 같다.

0~5개월 유아 180mg, 6~7개월 300mg , 1세 어린이 350mg, 2~5세 500mg, 6~9세 600mg, 10세 이상 어린이와 성인 750mg이다.

Signs of Deficiency : 결핍증상

염화물은 전해질이기 때문에 결핍상태는 정상적 산염기 균형에 불균형을 초래하여 심한 경우 메스꺼움, 구토, 설사, 발한(땀)이 나타나는 특징이 있다.
만성적 구토, 설사 또는 심한 발한을 경험하는 예를 제외하면 염화물의 결핍은 매우 드물다는 것에 주의하는 것이 중요하다.
또 다른 증세로는 머리카락과 치아 손상과 소화 장애가 있다.
염화물이 부족한 유아는 식욕감소, 기면상태, 성장결핍, 근육약화를 일으킬 수 있다.

Signs of Toxicity : 독성

유일하게 알려진 염화물 독소의 원인은 탈수현상이다.
그러나 과도한 염화나트륨(가공된 소금)의 섭취는 소금에 민감한 사람들에 혈압을 상승시킬 수 있다.

Research Findings : 연구결과

General : US. National Academy of Science 에 따르면 염화물은 체액과 전해질의 균형을 유지하는데 필수적이고 위액의 필요성분이다.
96~106mEq의 농축상태로 혈장 속에서 발생하고 중추신경액과 위장 분비물에서 더 농축된 형태로 발생한다.
Dunne에 의하면 염화물은 간을 자극하여 여과장치로 작용하게 하고 해로운 노폐물을 제거한다.
그 뿐 아니라 관절과 힘줄을 젊게 유지하는데 도움을 주고 호르몬 분비를 도와준다.
염화물은 임상과 치료의 응용에 사용되어 설사, 구토, 과도한 땀의 결과로 발생하는 탈수현상을 치료한다.

Sodium

Na 나트륨

인터넷검색 미네랄대학 〉 미네랄자료실 〉 NO45 ▼

Facts

나트륨은 세포 밖의 체액, 혈관내부의 체액, 동맥, 정맥, 모세혈관에서 주로 발견되는 필수미네랄이다.

신체 내 나트륨의 약 50%는 이러한 체액에서 발견되고 나머지는 뼈 속에 들어있다.

나트륨은 작은창자에서 흡수되어 혈관을 통해서 신장에 운반된다.

신장이 혈액의 나트륨 수치 유지를 위해 필요한 나트륨을 걸러내어 혈액 속에 그 양만큼 방출한다. 초과량은 소변으로 분비된다.

나트륨 조절과 관련된 질병은 인간 질병의 주범이다.

Alxander Schauss 따르면, 염화나트륨은 대부분의 식품에서 발견되는 천연물질이다.

반면에 가공된 염화나트륨은 미네랄의 균형을 이루지 못한다.

미국인이 섭취한 가공 염화나트륨 수치는 건강유지에 필요한 수치의 10~20배 더 많다는 것이 연구에서 자주 밝혀졌다.

Functions

나트륨은 혈액 수소이온 지구와 적절한 수분 균형을 유지하는데 필수적이다. 칼륨과 함께 나트륨은 세포벽 양쪽에 체액의 분배를 조절하도록 돕는다.

나트륨과 칼륨은 신경자극, 근육수축과 확장과 밀접한 관련이 있다.

나트륨은 또한 다른 혈액 내 미네랄을 용해 될 수 있는 상태로 유지하여 다른 미네랄이 증가되어 혈액 속에 축적되지 않게 한다.

나트륨은 염화물과 작용하여 혈액과 림프액 건강을 향상시키고 신체에서 이산화탄소를 제거하도록 돕는다.

Requirements

권장량은 없다. 건강한 사람을 위한 National Academies of Science에서 나온 최소 필요량은 유아는 1일 120mg, 10세 이상과 성인은 1일 500mg 이다. 건강한 식사에 첨가 될 수 있는 최대량은 2,400~3,000mg(식용소금 6~7.5g)이다.

물론 고혈압이 있는 사람은 나트륨 섭취에 관해서 의사와 상담해야 한다.

Signs of Deficiency

대부분의 식품, 특히 육류는 나트륨을 함유하기 때문에 결핍은 흔하지 않다. 그러나 심한 땀, 설사, 나트륨을 재흡수 하는 신장장애로 인한 많은 양의 나트륨 손실이 있는 사람은 혈액량이 감소하고 혈압이 떨어질 수도 있다.

증세는 복부경련, 혼란, 탈수, 현기증, 피로, 근육약화, 구토, 체중감소 등이 포함된다.

Signs of Toxicity

소변으로 쉽게 배출되기 때문에 나트륨은 일반적으로 건강한 성인에게 독성이 없다.

과다 섭취는 부종, 고혈압, 칼륨결핍, 간과 신장 질환과 관련이 있다.

Current Research

Sports Performance and Heat : 나트륨, 칼륨, 염화물을 포함하는 전해질은 고온에서 지구력 운동을 하는 동안 땀으로 손실되거나 고온에서 작업하는 사람은 땀으로 손실될 수 있다.

극단적인 조건에서 운동하거나 작업하는 사람은 손실된 나트륨, 칼륨, 염화물, 마그네슘 및 기타 미네랄을 대체하도록 주의해야 한다.

Excess Sodium and Hypertension : Schauss에 따르면, 일반적으로 나트륨 또는 염화나트륨 다량섭취의 이로움은 알려져 있지 않다.

사실상 일생동안 저 나트륨 식사를 유지하면 고혈압증의 위험을 감소시킬 수 있다.

나트륨 섭취량 감소가 최고 혈압과 최저 혈압을 낮춘다는 것이 여러 연구에서 보고 되었다.

일년 반 동안 나트륨 섭취를 적절히 줄이면 연구 시작 전에 최저혈압이 높은 30~54세의 성인들의 최고혈압과 최저혈압을 낮춘다는 것이 The Trials of Hypertension 이라는 연구에서 입증되었다.

Germanium

Ge

게르마늄

인터넷검색   미네랄대학 〉 미네랄자료실 〉 NO52   ▼

1일 섭취량은 0.4~1.5mg이다.

최대 안전 섭취량은 건강한 성인, 1일 30mg 미만 또는 체중 kg당 0.43mg이고, 건강한 어린이는 1일 7.5mg미만이어야 한다.

게르마늄의 유기적 형태는 비유기적 형태보다 독성이 적다.

비유기적 게르마늄 독성은 신장손상을 초래할 수 있다.

유기적 게르마늄 보충제로 인한 신장 질환이 보고 된 적 있으나 섭취량이 4~36개월간 16~328g이었다. 영양소 치료 처방에 따르면, 게르마늄은 세포 산소 공급을 향상 시키는 것 같다.

Bromine

Br 브롬

Bromine(브롬)
글쓴이 | 관리자
조회 | 471

인터넷검색   미네랄대학 〉 미네랄자료실 〉 NO50   ▼

브롬의 1일 섭취량은 2~8mg 이다.

브롬은 보통 브롬화물이온으로 섭취되어 독성의 수치는 낮기 때문에 영양에 관하여 독성의 위협되지 않는다.

브롬은 영양적으로 유익하다는 것을 일부 연구는 제시한다.

예를 들면 낮은 브롬 수치는 혈액투석환자와 관련이 있다.

Phosphorous

P 인

Phosphorous(인)
글쓴이 | 관리자
조회 | 562

인터넷검색 | 미네랄대학 〉 미네랄자료실 〉 NO56 ▼

적절한 뼈와 치아의 형성, 세포증가, 심장근육 수축에 필요하고, 비타민의 동화작용과 음식을 에너지로 전환하는데 도움을 준다.

또한 칼슘과 작용하여 뼈 속에 칼슘과 인의 균형을 2.5:1로 유지한다.

권장량은 1일 800mg이다.

결핍은 식욕부진, 체중감소를 초래할 수 있다.

알려져 있는 인의 독성은 없다 .

Sulfur

S

황

Sulfur(황)
글쓴이 | 관리자
조회 | 559

인터넷검색 미네랄대학 〉 미네랄자료실 〉 NO60 ▼

최근 유황이 주성분인 MSM(Methyl-Sulfonyl-Methane)이란 건강기능식품이 개발되어 유황에 많은 관심을 갖고 있다. MSM은 식품의약안전처로부터 관절과 연골 관리에 도움이 되는 것으로 허가되어 있다.

유황(S)은 세포와 세포를 묶어주는 에너지를 전달함으로써 연결 조직을 탄탄하게 하여주는 미네랄이다. 부족하면 관절, 연골이 약해지고, 머리카락, 손·발톱이 잘 갈라지거나 약해지고 피부의 탄력을 잃게 된다. 유황은 불덩이다. 폭탄과 성냥을 만드는 원료이다. 몸의 온도를 높혀 준다. 유황부족에 의하여 몸이 냉하거나 손·발이 차가울 수 있다. 몸의 체온을 높여주면 면역력이 상대적으로 높아진다.

Rubidium

Rb 루비듐

인터넷검색 　미네랄대학 〉 미네랄자료실 〉 NO57 ▼

보통 1일 섭취량은 1~5mg이다.

비교적 독성이 없고 독물학의 관심대상이 아니다.

동물, 특히 염소에게 결핍증세는 성장과 평균수명을 감소시킨다.

Vanadium

V 바나듐

인터넷검색 | 미네랄대학 〉 미네랄자료실 〉 NO62 ▼

바나듐의 필요성에 대한 유력한 환경적 증거가 있다.

대부분의 신체조직에 존재한다.

연골, 뼈, 치아는 적절한 발달을 위해 바나듐을 필요로 한다.

성장, 번식, 콜레스테롤 합성에 역할을 한다.

동물연구에서 바나듐 결핍은 자연 유산율, 유아 사망률, 골격기형을 증가시킨다는 것이 나타난다.

바나듐은 여러 가지 스포츠 공연 마법사의 구성요소이고 포도당 신진대사에 유익한 영향을 준다고 광고되고 있다.

그러나 다량의 복용은 인간에게 독성을 일으킬 수 있다.

동물연구에서 바나듐 중독은 혈당감소, 설사, 적혈구 감소의 역효과를 내고 면역억제를 유발한다.

Sn 주석

Tin(주석)
글쓴이 | 관리자
조회 | 565

인터넷검색　　미네랄대학 〉 미네랄자료실 〉 NO61 ▼

1960년에 필수미량원소로 지정되었다.

동물에게 주석결핍은 성장과 헤모글로빈 합성 결핍을 초래한다.

산업과정에 널리 이용되며, 주석 불소화물은 치약에 사용된다.

1일 섭취량은 2~17mg으로 추정된다.

필요량은 1일 3~4mg으로 추정된다.

Strontium

Sr

스트론튬

필수미네랄이라는 것을 시사하는 증거가 있다.

화학적 구조에서 칼슘과 유사하고, 적절한 뼈 성장과 충치예방에 필요하다. 몬트리올에 있는 St. Marys 병원 연구원들은 스트론튬이 세포 내 에너지 생성구조를 방어하는 효과를 나타낼 수 있다는 것을 밝혀냈다.

방사능 스트론튬90과 혼동해서는 안 되고, 스트론튬은 안정적이고, 가장 독성이 적은 미량원소이다.

Silicon

Si

실리콘

인터넷검색 　미네랄대학 〉 미네랄자료실 〉 NO58 　▼

대동맥, 기관지, 힘줄, 뼈, 피부를 포함한 신체의 연결조직에서 발견되는 원소이며, 칼슘과 작용하여 강한 뼈를 형성하고, 골다공증과 관련이 있다.
또한 면역체계를 자극하고, 신체조직에서 노화과정을 억제한다.
노화는 실리콘에 대한 필요성을 증가시킨다.
권장량은 1일 5~10mg이다.

Nickel

Ni
니켈

고등동물에 필수적인 원소이며, 결핍증세는 확인되지 않았다.

인간이 필요한 양은 1일 10mcg를 넘지 않는다.

서양식 식사의 평균섭취량은 1일 60~260mcg이다.

니켈은 호르몬, 지질, 세포막 신진대사에 역할을 한다는 것이 동물과 인간실험에서 입증되었다.

효소의 활성제로 작용할 수 있고, 포도당 신진대사와 관련이 있다.

입을 통한 독성섭취는 음식으로 섭취하는 양의 약 1,000배이다.

섭취량이 많으면 인간에게 중독을 일으킬 수 있다.

신체 내 과다한 니켈은 호르몬과 효소의 활동을 변화시키고, 포도당 내성, 혈압, 면역기능에 영향을 줄 수 있다.

Bi

비스뮴

인터넷검색   미네랄대학 〉 미네랄자료실 〉 NO49 ▼

Bi는 체내에서 알려진 기능은 없다.

Bi는 역사적으로 매독을 치료하는데 사용된 적이 있고, 현재는 직장 좌약의 성분이다.

Bi 독성은 비틀거리는 걸음걸이, 기억감퇴, 떨림, 시각 및 청각장애를 유발할 수 있다.

Beryllium

Be
베릴륨

Beryllium(베릴륨)
글쓴이 | 관리자
조회 | 495

인터넷검색   미네랄대학 〉 미네랄자료실 〉 NO48   ▼

베릴륨은 전자장비와 강철, 자전거 바퀴, 기타 가정용제품과 같은 일부합금을 포함하는 산업과정의 한 요소이다.

섭취량은 1일 약 100mcg으로 추정된다.

산업독물학에서 베릴륨 먼지 흡입은 폐손상, 상처 또는 섬유증을 일으켰다. 그러나 그 연구문헌은 미량의 베릴륨을 함유한 식품 보충제와 관련된 베릴륨 중독의 사례를 보고하지는 않았다.

베릴륨 염화물 1ppm은 충치 위험 증가와 관련된 석회화를 예방한다는 것이 일부 연구에서 밝혀졌다.

Aluminum

Al
알루미늄

Aluminum(알루미늄)
글쓴이 | 관리자
조회 | 522

| 인터넷검색 | 미네랄대학 〉 미네랄자료실 〉 NO47 | ▼ |

평균 1일 섭취량은 3~100mg이다.

알루미늄의 공급원은 baking powder와 같은 발효제를 사용한 구운 식품, 가공치즈, 곡물, 채소, 산중화제, 밀가루 등이다.

인간 건강에서 정립된 알루미늄의 기능은 없다.

알루미늄은 다량 섭취하면 치명적이다.

그러나 Nutrition Almanac에 따르면 Adella Davis는 마그네슘이 신체 내에서 알루미늄을 대체할 수 있다고 보고했다.

알루미늄 독성으로 과민, 집중력과 기억력장애가 있는 Davis의 환자는 마그네슘 보충제를 복용한 후에 증세를 치료할 수 있었다.

Arsenic

As 비소

인터넷검색 | 미네랄대학 〉 미네랄자료실 〉 NO45 ▼

비소(As)는 독성으로 잘 알려져 있지만, 동물에 소량으로 투여하면 유익하다는 것이 밝혀졌다.
쥐, 햄스터, 염소, 닭을 포함한 여러 동물 연구는 비소가 필수적이라는 간접증거를 제공하였다.
염소연구에서 비소 결핍은 성장둔화, 출산장애, 유아 사망률 증가를 초래했다. 인간에게 추정되
는 동물연구에 근거한 비소의 섭취량은 1일 12.5~26mcg과 동일하다.
인간의 식사는 보통 1일 12~50mcg의 비소를 함유한다.
영양학자들은 안전한 비소의 섭취량은 1일 140~250mcg이라고 충고한다.

Cadmium

Cd 카드뮴

Cadmium(카드뮴)
글쓴이 | 관리자
조회 | 508

인터넷검색   미네랄대학 〉 미네랄자료실 〉 NO51   ▼

1일 섭취량은 10~20mcg이다.

담배연기, 산업화, 인구증가에서 발견되는 카드뮴은 수명이 길고(10~30년) 다량 섭취하면 신체 기관 손상, 특히 신장의 손상을 일으킬 수 있다.

음식에 아연이 결핍되면 신체는 카드뮴을 보충하고 저장한다.

카드뮴은 고혈압, 암, 면역장애를 일으킨다고 실험적으로 알려져 있다.

갑상선암에서 악성 종양의 정도와 카드뮴 함유량 사이에 상관관계가 있다.

그러나 영양 결핍이 없다면 입으로 흡수되는 카드뮴은 거의 없다.

카드뮴에 대해 방어 효과가 있는 다른 원소와 영양소는 아연, 칼슘, 비타민C, 황아미노산 등이 포함된다.

Lead

Pb 납

Lead(납)
글쓴이 | 관리자
조회 | 489

인터넷검색 미네랄대학 〉 미네랄자료실 〉 NO53 ▼

1일 섭취량은 15~200mcg이다.

동물연구에서 납 결핍은 성장에 역효과가 있고, 철분의 신진대사를 방해한다. 미량일 때는 유익하지만 많은 양을 섭취하면 독성이 있다.

인간은 빈혈, 신장손상, 중추신경장애를 포함하는 중독증세 없이 납 1~2mg에 대해 내성을 가진다.

Mercury

Hg 수은

Mercury(수은)
글쓴이 | 관리자
조회 | 535

인터넷검색 미네랄대학 〉 미네랄자료실 〉 NO54 ▼

1일 평균섭취량은 0.5mg으로 추정된다.

수은(Hg)은 체내에서 필수적인 기능이 알려지지 않았고, 섭취하거나 흡입하면 많은 위험을 일으키는 독성원소이다.

산업과정에서 수은에 노출될 수 있고, 산업폐기물의 결과인 수은에 오염된 물고기나 야생의 사냥감을 섭취하거나 수은이 들어있는 치아충전재를 통해 수은에 중독 될 수 있다.

메틸과 페닐, 2종류의 수은이 뇌 조직에서 아연을 고갈시킨다.

제 3 장

뉴 스 실

생명의 원소 미네랄, 3.5%의 균형을 유지하라

KBS 생로병사비밀-3.5%미네랄방송
글쓴이 | 관리자
조회 | 734
자료출처 | 6월 29일 KBS2TV 기획특집프로그램인 '생로병사' 방영

인터넷검색 　　미네랄대학 〉 미네랄뉴스실 〉 NO1　　▼

원인을 알 수 없는 불임, 유산, 성기능저하, 비만, 무기력증, 관절염, 몸이 붓는 증상, 학습능력 저하 등의 현대병을 미네랄 불균형이라고 전문가들은 진단...

지난 6월 29일 KBS2TV 기획특집프로그램인 '생로병사'에 생명의 원소 미네랄이 특집으로 방송이 되었다.

"탄수화물, 단백질, 지방, 비타민과 함께 5대 영양소의 하나인 미네랄!

최근 50년간 다양한 연구를 통해 그 효과가 입증되면서 실제로 의료 선진국에서는 현재 미네랄 소비량이 급증하고 있는 추세다."

미국 의회는 이미 70년 전에 보고서를 통하여 태우는 영양소 미네랄 부족을 경고하였고, 현재 비만과의 전쟁을 치루고 있다.

미국 식품업계에서 미네랄은 2004년 상반기 최고의 신장률(8%)을 보이며 미네랄 르네상스를 예고하고 있다.

이번 KBS방송은 미네랄 부족의 실태를 자세히 보도하면서, 원인을 알 수 없는 불임, 유산, 성기능저하, 비만, 무기력증, 관절염, 몸이 붓는 증상, 학습능력 저하 등의 현대병을 모발 분석을 통하여 미네랄 부족 및 미네랄 불균형이라고 전문가들은 진단하고 있다.

일본은 지금
미네랄 열풍이
불고 있다

KBS VJ특공대 일본미네랄 열풍 방송
글쓴이 | 관리자
조회 | 610
자료출처 | KBS 2TV는 2004년 10월 08일 밤 9시 20분

인터넷검색   미네랄대학 〉 미네랄뉴스실 〉 NO2 ▼

건강 제일 지상주의 일본에서 지금 미네랄 태풍이 불고 있다.
KBS 2TV는 2004년 10월 8일 밤 9시20분에 방송된...

건강 제일 지상주의 일본에서 지금 미네랄 태풍이 불고 있다. KBS 2TV는 2004년 10월 8일 밤 9시 20분에 방송된 교양프로그램 VJ특공대에서 일본의 미네랄 열풍을 집중 보도하여 비상한 관심을 모으고 있다. 소금을 만들고 남은 물에는 염화나트륨을 제외한 마그네슘을 비롯한 미량 미네랄이 대단히 풍부하다. 이 물을 '니가리' 라고 한다.

일본은 지금 이 미네랄 풍부수인 '니가리' 가 다이어트 및 피부미용에 좋다고 하여 선풍적인 인기를 끌고 있다. 리포터는 지나가는 여성(학생, 아가씨, 주부)들에게 '니가리' 를 아느냐고 물어보았다. 도쿄시내 대부분의 여성들은 핸드백 및 책가방에 '니가리' 를 휴대 중이었다. "'니가리' 를 모르면 왕따예요." 다이어트와 미용을 위하여 항상 휴대하면서 물이나 음식에 넣어 먹는다고 하였다. 일본에 부는 미네랄 열풍은 대단하다. "건강에 좋은데 맛이 뭐가 중요합니까?" "다이어트를 위하여 늘 휴대하면서 물에 희석하여 먹고 음식에 넣어 먹어요." "피부미용을 위하여 물과 희석하여 얼굴에 늘 바르죠. 최고예요." 일본의 오랜 불황에도 불구하고 소비자들의 지갑을 확 열게하는 미네랄의 열풍!

그 끝은 없어 보인다.

모두가 미네랄 비상!
제4원소 미네랄

KBS비타민 제4원소 미네랄방송
글쓴이 | 관리자
조회 | 604
자료출처 | KBS 2TV 11월 14일 일요일 오후10:05 • 책임프로듀서:박해선 • 진행:정은아, 강병규

| 인터넷검색 | 미네랄대학 〉 미네랄뉴스실 〉 NO3 ▼ |

모두가 미네랄 비상!! KBS 초특급 건강 프로젝트! 출연자들의 모발분석을 통한 미네랄 과 · 부족 현상을 체크해 본 결과 모두가 미네랄 부족에 의한 건강적신호...

모두가 미네랄 비상!! KBS 초특급 건강 프로젝트!
지난 11월 14일(일요일 밤 10시)에 KBS에서 인기리에 방송되고 있는 '건강한 대한민국을 위한 초특급 프로젝트!' 비타민에서 '미네랄'에 대한 방송이 진행되어 국민들의 관심이 집중되고 있다. 출연자들의 모발분석을 통한 미네랄 과 · 부족현상을 체크해 본 결과 출연자 모두(노주현, 임예진, 성동일, 김성수, 한석준, 김지선, 현영, 이승현, 장윤정)가 미네랄부족에 의한 건강 적신호임이 확인되어 출연자들을 놀라게 하였다.

1. 뭘 해도 집중이 안되고 피곤하다?
2. 눈가가 자주 실룩거린다?
3. 피부가 거칠다. 트러블이 심하다?
4. 손톱, 발톱, 모발이 가늘고 잘 갈라진다?
5. 근육이 달달 떨리고, 쥐가 난다?
6. 성기능 저하? 갑상선기능 저하?
7. 스트레스, 감정조절이 잘 안된다?

이유 없이 생기는 내 몸의 이상! 혹시 당신도 미네랄 부족? 뼈 미네랄 칼슘! / 性미네랄 아연! / 감정 미네랄 마그네슘! 등 체내3.5%의 미네랄! 내 몸을 바꿔놓을 21세기 건강필수품! 미네랄 미국, 일본, 세계는 지금! 미네랄 열풍!!!

연합뉴스

중국인
2억 5천만 명
미네랄 영양실조

중국인 2억 5천만 명 미네랄 영양실조
글쓴이 | 관리자
조회 | 501
자료출처 | 2004. 09. 05 연합뉴스

인터넷검색　　미네랄대학 〉 미네랄뉴스실 〉 NO4　　　　　▼

유엔 국제아동기금(유니세프)과 중국 위생부는 4일 베이징에서 공동 발표한 보고서에서 연간 1,900만 명에 이르는 신생아중 상당수가 철분, 요오드 등 미네랄과 비타민 A 등이 결핍...

중국은 지난 20여 년에 걸친 개혁, 개방 결과 경제가 급성장하고 생활이 윤택해졌지만 무려 2억 5,000만 명이 비타민과 미네랄이 결핍된 '음성 기아' 상태라는 보고서가 나왔다.

유엔 국제아동기금(유니세프)과 중국 위생부는 4일 베이징에서 공동 발표한 보고서에서 연간 1,900만 명에 이르는 신생아중 상당수가 철분, 요오드 등 미네랄과 비타민 A 등이 결핍되었으며 이는 발육과 학습능력에 지장을 받을 위험이 크다고 경고했다.

보고서에 따르면 신생아의 미네랄, 비타민 결핍은 임산부의 영양결핍에 따른 것으로 매년 200만여 명의 신생아가 요오드 부족으로 대뇌 발육 지장이 우려된다고 한다.

중국 정부는 요오드 부족 문제를 해결하기 위해 식염에 요오드 첨가율을 높이고 있으며, 지난 10년간 이러한 노력의 결과로 1억 3,000만 명의 신생아가 요오드 부족을 예방했다.

국민의 미네랄 결핍은 노동 생산성에 영향을 미쳐 국내 총생산(GDP) 0.7% 감소라는 부작용을 가져오는 것으로 추정됐다. 미래에는 GDP 3.8% 감소의 손실이 온다는 것이다.

태아에
철분, 셀레늄 공급,
천식 억제

인터넷검색　미네랄대학 〉 미네랄뉴스실 〉 NO5 ▼

태아가 특정한 영양소에 노출될 경우 생후에 천식이나 아토피성 피부염 증상이 나타날 수 있음을 시사했던 연구결과를 입증하기 위한 의도로 착수되었던...

아직 자궁 내에 있는 태아에게 다량의 철분과 셀레늄을 공급할 경우 영·유아기에 천식과 습진 증상이 나타날 확률을 감소시킬 수 있음을 시사한 연구결과가 나왔다.

영국 런던 소재 킹스 대학 의학부의 세이프 샤힌 박사팀은 브리스톨 대학 연구팀과 공동으로 진행한 유럽 호흡기 저널 8월호에 발표한 최신 논문에서 이같이 밝혔다.

공동연구팀은 총 3,000여 명의 아기들을 대상으로 출생 이전에 철분과 셀레늄을 충분히 공급한 뒤 영·유아시기에 나타나는 천식과 습진 증상과의 상관성을 규명하기 위한 연구를 진행했다.

그 결과 셀레늄을 다량 공급받은 태아의 경우 소량 공급받은 그룹에 비해 출생 초기단계에서 천식 발병률이 훨씬 낮은 수치를 보였다.

또한, 철분을 다량 공급받은 태아들은 출생 후 천식과 습진 발병률이 낮게 나타났다.

이 과정에서 아기들이 아직 자궁 내에 있을 때 철분과 셀레늄을 다량 공급받았는지 유무는 출생 직후 탯줄조직 내에서 검출된 양을 근거로 파악했다.

샤힌 박사는 "원래 이 연구는 아직 자궁 내에 있는 태아가 특정한 영양소에 노출될 경우 생후에 천식이나 아토피성 피부염 증상이 나타날 수 있음을 시사했던 연구결과를 입증하기 위한 의도로 착수되었던 것"이라고 말했다.

즉, 상당수의 만성질환이 태아 시절에 원인이 있다는 가설을 입증코자 시도했다는 것이다.

한편 영국에서는 최근들어 천식 발병률이 증가하고 있는 반면 셀레늄 섭취율은 감소해 온 것으로 알려지고 있다.

연합신문

고온에서 압축성형된 씨리얼제품 미네랄 섭취 방해

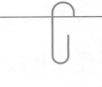

고온에서 압축성형된 씨리얼제품, 미네랄 섭취 방해
글쓴이 | 관리자
조회 | 513
자료출처 | 1997. 12. 16. 연합신문

인터넷검색　미네랄대학 〉 미네랄뉴스실 〉 NO6 ▼

노인이나 다이어트를 하는 사람들과 같이 낮은 미네랄 섭취 위험이 있는 사람들 중...

식이섬유를 먹으면 결장암이나 심장병 같은 병을 막을 수 있다는 것이 일반인들에게 알려져 있는 상식이다. 이 때문에 사람들이 얼마나 많은 식이섬유를 먹어야 하는지 알 수 있도록 식이섬유 섭취 지침까지 나와 있다. 그러나 섬유소가 필수 미네랄의 유용성에 미치는 효과에 대해서는 의견의 일치가 이루어지지 않고 있다.

특히 고온에서 짧은 시간에 압축성형 공정으로 만들어낸 아침식사용 시리얼 같은 섬유 식품이 섬유의 미네랄 결합에 미치는 효과에 대해서는 알려진 바가 별로 없다.

미국 오하이오 주립대학의 Christine J. Bergman, D. G. Gualberto, C. W. Weber는 밀, 귀리, 벼의 겨를 압축성형 공정으로 만들어낸 불용해성 섬유가 미네랄 구리, 칼슘, 아연에 결합하여 인체가 이용할 수 없도록 만드는 기작을 연구하였다. 그들은 단백질, 전분 파이틱산(phyticacid)이 미네랄과 결합하기 때문에 겨에서 이들을 제거하였다.

연구결과 압축성형 공정처리를 하지 않은 겨에서 얻은 불용해성 섬유가 미네랄에 결합하였다.

특히 노인, 어린이, 다이어트를 하는 사람들이 피해를 입기 쉽다. 이들 집단은 구리 칼슘, 아연같은 미네랄을 적정량 섭취하지 못하고 있는 것으로 자주 보고 되고 있기 때문이다.

게다가 노인이나 다이어트를 하는 사람들과 같이 낮은 미네랄 섭취 위험이 있는 사람들 중 많은 사람들이 시리얼이나 압축성형으로 만든 시리얼을 많이 섭취하고 있다. 압축성형으로 만든 시리얼류는 주 소비 계층을 노인이나 다이어트를 하는 사람들로 맞추고 있기에 더욱 문제가 될수 있다.

연합뉴스

마그네슘, 당뇨병 위험 감소시켜

마그네슘, 당뇨병 위험 감소시켜
글쓴이 | 관리자
조회 | 484
자료출처 | 2004. 05. 10. 연합뉴스

마그네슘 섭취량이 가장 많은 그룹이 가장 적은 그룹에 비해 12~18년 사이에 성인 당뇨병에 걸릴 위험이 최고 34% 낮은 것으로...

마그네슘이 성인 당뇨병 위험을 감소시키는 효과가 있다는 연구결과가 나왔다고 미국 MSNBC 인터넷판이 9일 보도했다.

최근 발표된 마그네슘과 성인 당뇨병 관계에 관한 연구보고서들은 마그네슘을 표준권장량만 섭취하면 당뇨병 위험을 10~30% 줄일 수 있다고 밝히고 있다고 MSNBC 방송은 전했다.

한 연구보고서는 여성 8만 5,000명과 남성 4만 2,000명을 대상으로 장기간에 걸쳐 실시한 조사, 분석 결과 마그네슘 섭취량이 가장 많은 그룹이 가장 적은 그룹에 비해 12~18년 사이에 성인 당뇨병에 걸릴 위험이 최고 34% 낮은 것으로 나타났다고 밝혔다.

체중, 운동, 가족력 등 당뇨병의 다른 요인들을 감안했을 때도 마그네슘의 효과는 뚜렷하게 나타났다고 이 보고서는 말했다.

3만 9,000명의 여성을 대상으로 한 또 다른 연구보고서는 마그네슘 섭취 상위 그룹이 하위 그룹에 비해 당뇨병 발병률이 11% 낮았으며, 특히 과체중 여성인 경우는 20% 이상 낮게 나타났다고 밝혔다. 마그네슘은 체내의 인슐린 활동에 영향을 미치며 마그네슘이 부족하면 인슐린 저항이 악화되어 성인 당뇨병이 발생한다는 시험관 실험 결과가 앞서 발표된 일이 있다.

마그네슘은 이밖에 골다공증 위험을 낮추며 혈압 조절에도 효과가 있는 것으로 알려지고 있다.

이 연구보고서들에 따르면 특히 마그네슘의 권장 섭취량을 지킨 그룹과 미달한 그룹 사이에 당뇨병 발병률 격차가 상당히 크게 나타났으며, 권장 섭취량을 초과한 경우는 표준량을 섭취한 사람보다는 발병률이 더 낮았지만 그 차이는 크지 않았다.

연합뉴스

구리,
알츠하이머병
억제

구리, 알츠하이머병 억제
글쓴이 | 관리자
조회 | 516
자료출처 | 2003. 11. 11. 연합뉴스

인터넷검색 미네랄대학 〉 미네랄뉴스실 〉 NO8 ▼

뇌 세포에 구리가 부족하면 알츠하이머병 위험이 높아지고 따라서 구리를 보충해 주면 알츠하이머병을 예방할 수 있다는 두 건의 연구보고서가...

구리가 알츠하이머병을 억제하는 효과가 있다는 연구결과가 나왔다.

뇌 세포에 구리가 부족하면 알츠하이머병 위험이 높아지고 따라서 구리를 보충해 주면 알츠하이머병을 예방할 수 있다는 두 건의 연구보고서가 미국 국립과학원회보 최신호에 발표되었다고 의학뉴스 전문 통신 헬스데이 뉴스가 10일 보도했다.

독일 자르란트 대학 메디컬센터의 신경과 전문의 토마스 바이어 박사는 한 연구보고서에서 알츠하이머병의 유전적 소질을 갖도록 유전 조작된 쥐들에 구리성분이 함유된 물을 먹인 결과 그렇지 않은 쥐들에 비해 알츠하이머병의 대표적인 병변인 뇌의 베타 아밀로이드 축적이 심하지 않고 수명도 긴 것으로 나타났다고 밝혔다.

바이어 박사는 구리와 베타 아밀로이드 사이에 어떤 연관이 있는지는 정확히 알 수 없으나, 베타 아밀로이드 전구(前驅) 단백질(APP)이라고 불리는 뇌 속의 효소가 이에 관여하는 것으로 믿어진다고 말했다.

구리는 원래 APP와 결합하는데 사람이 나이를 먹을수록 구리가 줄어들어 APP에 구리가 부족하게 되며 이 때문에 APP가 신경을 파괴하는 베타 아밀로이드의 생산을 촉발하는 것으로 생각된다는 것이다. 한편 캐나다 토론토 대학의 데이비드 웨스트어웨이 박사는 또 다른 연구보고서에서 알츠하이머병에 잘 걸리도록 유전 조작된 쥐들의 뇌 세포에 구리의 양이 증가할수록 베타 아밀로이드가 적게 축적되는 것으로 밝혀졌다고 말했다.

굿데이신문

변강쇠 되려면
'아연' 섭취 필수

변강쇠 되려면 '아연' 섭취 필수
글쓴이 | 관리자
조회 | 629
자료출처 | 2003. 04. 16. 굿데이신문

인터넷검색　　미네랄대학 〉 미네랄뉴스실 〉 NO9　　　▼

아연이 부족하면 신경세포의 신진대사가 잘 이뤄지지 않아 남자의 경우 귀두의 감각이 무뎌진다고...

어느날 갑자기 입맛이 없어진다고 넋두리를 늘어놓는 중년 남자가 적지 않다. 여기에서 좀 더 정도가 심해지면 밤이 두려워지는 증상이 나타나기도 한다.

미각이 약해지면 정력도 약해지는 것일까?

미각과 정력은 직접적으로는 아무런 관련이 없다.

입맛이 갑자기 없어지는 원인은 대개 아연 부족에서 비롯된다.

신진대사에는 아연이 필수적이다.

아연이 부족하면 신경세포의 신진대사가 잘 이뤄지지 않아 남자의 경우 귀두의 감각이 무뎌진다고 한다.

음식의 맛을 느끼는 맛세포의 수명은 2주일. 신진대사가 잘 이뤄지지 않아 2주일마다 새로운 맛세포가 돋아나지 않으면 미각에 이상이 생긴다.

따라서 음식의 맛을 느끼지 못하게 되면 우선 아연이 듬뿍 든 음식부터 먹는 것이 밤에 강해지는 비결이다.

연합뉴스

아연,
만성 전립선염에
효과

아연, 만성 전립선염에 효과
글쓴이 | 관리자
조회 | 541
자료출처 | 2002. 08. 27. 연합뉴스

인터넷검색   미네랄대학 〉 미네랄뉴스실 〉 NO10   ▼

만성 전립선염에 걸린 실험쥐에 주입한 뒤 8주간 관찰한 결과, 만성 전립선염이 전신독성 등의 부작용 없이 90% 이상 치료되는 효과를 확인했다고...

강력한 항균, 항염작용을 가지고 있는 아연이 만성 전립선염 치료에 효과적이라는 동물실험 결과가 나왔다.

카톨릭의대 성모병원 비뇨기과 조용현 교수팀은 태평양 연구 지원센터와 공동으로 개발한 '아연 방출 전달물질'을 만성 전립선염에 걸린 실험쥐에 주입한 뒤 8주간 관찰한 결과, 만성 전립선염이 전신독성 등의 부작용 없이 90% 이상 치료되는 효과를 확인했다고 27일 밝혔다.

이 연구결과는 최근 미국 감염분야 학회지 IJAA지에 실렸다. 연구팀은 "이번 연구는 치료가 어려운 난치성 질환인 만성 전립선염을 아연으로 치료할 수 있는 새로운 방법을 제시했다는 점에서 의미가 있다."고 말했다.

연합뉴스

망간,
에이즈 바이러스
증식 차단

망간, 에이즈 바이러스 증식 차단
글쓴이 | 관리자
조회 | 519
자료출처 | 2002. 04. 27. 연합뉴스

인터넷검색　미네랄대학 〉 미네랄뉴스실 〉 NO11 ▼

미국 존스 홉킨스 대학 분자생물학 교수 제프 베케 박사는 의학전문지 '분자 세포' 최신호(4월 26일자)에 발표한 연구보고서에서...

망간이 에이즈 바이러스(HIV)의 증식을 억제하는 효과가 있는 것 같다는 연구결과가 나왔다.

미국 존스 홉킨스 대학 분자생물학 교수 제프 베케 박사는 의학전문지 '분자 세포' 최신호(4월 26일자)에 발표한 연구보고서에서 HIV는 스스로 증식하는데 역(逆)트란스크립타제라고 불리는 효소를 이용한다고 밝히고, 망간이 효모의 바이러스 성분이 이용하는 이와 비슷한 효소의 활동을 억제한다는 사실이 밝혀졌다고 말했다.

베케 박사는 따라서 세포내의 망간 농도를 높여주는 약을 개발하는 것이 에이즈의 새로운 치료법이 될 수 있을 것이라고 밝혔다.

베케 박사는 효모 실험에서 PRM-1이라고 불리는 유전자가 세포에 망간을 방출하는 단백질을 만들며 이유전자가 변이되면 세포 내 망간이 증가한다는 사실을 알아냈다고 말했다.

베케 박사는 현재 사용되고 있는 제 1세대 에이즈 치료제 중 하나인 AZT는 역트란스크립타제를 공략하는 약이지만 HIV는 AZT에 대한 내성이 생겨 새로운 약이 필요한 상황이라고 밝히고, PRM-1 유전자를 표적으로 하는 약을 개발해 HIV 세포 내의 망간을 늘려주면 이러한 내성 발생을 차단할 수 있을 것이라고 말했다.

뉴욕연합

칼슘,
양성 콜레스테롤
상승시켜

칼슘, 양성 콜레스테롤 상승시켜
글쓴이 | 관리자
조회 | 508
자료출처 | 2002. 04. 13. 뉴욕 연합

인터넷검색 미네랄대학 > 미네랄뉴스실 > NO12 ▼

뉴질랜드 오클랜드 대학의 이언 레이드 박사는 '미국 의학 저널' 최신호에 발표한
연구보고서에...

폐경 여성이 칼슘 보충제를 복용하면 양성 콜레스테롤인 고밀도 지단백(HDL)의 혈중 농도를 높일 수 있다는 연구 결과가 나왔다.

뉴질랜드 오클랜드 대학의 이언 레이드 박사는 '미국 의학 저널' 최신호에 발표한 연구보고서에서 223명의 폐경 여성을 대상으로 이 중 절반에게만 칼슘 보충제를 매일 1g씩 1년 동안 복용하게 하고 2개월, 6개월, 12개월에 혈중 콜레스테롤을 측정한 결과 이 같은 사실이 밝혀졌다고 말했다.

레이드 박사는 칼슘 보충제를 복용한 폐경 여성은 비교 그룹에 비해 혈중 HDL이 평균 7% 상승했으며, 악성 콜레스테롤인 저밀도 지단백(LDL)에 대한 HDL의 비율도 높아졌다고 밝혔다.

그러나 또 다른 형태의 지방인 트리글리세리드의 혈중 농도는 칼슘 보충제를 복용해도 줄어들지 않았는데, 이 결과는 폐경 여성이 칼슘을 충분히 섭취해야 할 또 다른 이유가 있음을 보여주는 것이라고 레이드 박사는 말했다.

레이드 박사는 HDL의 상승은 심장병 예방에 도움이 되는 것으로 알려져 있는 만큼 보다 많은 사람들이 참여하는 실험을 통해 칼슘이 심장마비 같은 심혈관 질환 위험을 낮추는 데도 효과가 있는지를 확인할 필요가 있다고 말했다.

또한, 칼슘 섭취가 남성에게도 같은 효과를 가져오는지 알아보기 위한 실험도 필요할 것이라고 덧붙였다.

칼슘, 결장암 위험 크게 감소시켜

칼슘, 결장암 위험 크게 감소시켜
글쓴이 | 관리자
조회 | 483
자료출처 | 2002. 03. 20. 워싱턴 AP 연합

인터넷검색 미네랄대학 〉 미네랄뉴스실 〉 NO13 ▼

칼슘을 하루 700~800mg 섭취하는 사람은 그렇지 않은 사람에 비해 좌측 결장암 위험이 40~50% 감소되는 것으로...

칼슘을 적당히 섭취하면 결장암을 예방하는데 크게 도움이 된다는 연구결과가 나왔다.

미국 하버드대 보건대학의 우 카나 박사는 국립암연구소(NCI) 회보 최신호에 발표한 연구보고서에서 칼슘을 하루 700~800mg 섭취하는 사람은 그렇지 않은 사람에 비해 좌측 결장암 위험이 40~50% 감소되는 것으로 밝혀졌다고 말했다.

우 박사는 간호사 건강조사에 참여하고 있는 8만 8,000명의 여성(이 중 626명 결장암 발생)과 보건전문요원 건강조사에 참여하고 있는 4만 7천명의 남성(이 중 399명 결장암 발생)을 대상으로 식사습관을 조사 분석한 결과 이 같은 사실이 밝혀졌다고 말했다.

우 박사는 그러나 이러한 효과는 결장암의 한가지 형태인 좌측 결장암 환자들에게만 나타나고, 기타 형태의 결장암 환자들에게는 통계상으로 의미가 있는 효과를 발견할 수 없었다고 밝혔다.

우 박사는 결장의 좌측은 대장(大腸)의 마지막 부분이고 결장의 우측은 이보다 훨씬 위쪽에 있는 소장(小腸)의 한 부분이라고 밝히고 이 두 가지 형태의 결장암 발생률은 비슷하다고 말했다.

칼슘이 결장암에 미치는 영향이 결장의 부위에 따라 다른 이유는 알 수 없으나 종양의 종류가 다르기 때문으로 생각된다고 우 박사는 밝혔다. 이에 대해 워싱턴 병원 암센터의 종양영양학 전문의 마니카 크라우스 박사는 적당한 칼슘 섭취가 뼈를 강하게 만들어 주는 것 외에 또 다른 효과가 있다는 사실을 보여주었다는 점에서 매우 중요한 연구라고 평가했다. 크라우스 박사는 그러나 칼슘은 저지방 우유나 기타 낙농식품을 통해 섭취하는 것이 좋으며, 이런 식품을 먹지 못하는 경우에는 칼슘 보충제를 복용하되 과잉복용은 금물이라고 말했다.

아연 보충제
먹은 체중 미달아
사망률 낮아

아연 보충제 먹은 체중 미달아 사망률 낮아
글쓴이 | 관리자
조회 | 503
자료출처 | 2001. 12. 04. 시카고 AP 연합

인터넷검색   미네랄대학 〉 미네랄뉴스실 〉 NO14   ▼

미국 존스 홉킨스대학교 보건대학과 인도 아나말라이 대학교의 공동 연구팀은 3일 연구 보고서를 통해 인도에서 태어난 체중 미달아...

아연 보충제를 먹은 체중 미달아는 그렇지 않은 아기들에 비해 사망률이 낮은 것으로 밝혀졌다. 미국 존스 홉킨스대학교 보건대학과 인도 아나말라이 대학교의 공동 연구팀은 3일 연구 보고서를 통해 인도에서 태어난 체중 미달아(2.5kg 이하) 1,154명을 대상으로 실시한 조사 결과, 생후 9개월 동안 아연 보충제를 먹은 아기가 그렇지 않은 아기에 비해 사망률이 현저히 낮았다고 말했다.
이 연구보고서는 조사대상 신생아 중 사망한 아기는 20명으로 아연 보충제를 먹은 아기는 5명에 불과한데 비해 아연 보충제를 먹지 않은 아기는 15명이었다고 밝혔다.
이 보고서는 아연이 결핍되면 질병과 싸우는 능력이 손상된다고 밝히고, 학령 전 아이들의 경우 아연 보충제를 먹은 아이들이 설사와 폐렴 발생률이 크게 낮은 것으로 나타나고 있다고 말했다.
체중 미달아 출산율은 미국이 8%에 비해 인도는 42%나 되며 신생아 사망률도 미국은 1,000명에 7명꼴인데 비해 인도는 83명이다.

색소성 망막염
원인은 아연 결핍

색소성 망막염 원인은 아연 결핍
글쓴이 | 관리자
조회 | 502
자료출처 | 2004. 08. 30 서울연합

미국 다트머스 대학 약리학, 독성학 교수 존 화 박사는 과학전문지 '생물화학' 최신호에 발표한 연구보고서에서 체내에 아연이 얼마나 있느냐에...

실명에 이르는 유전질환인 색소성 망막염(retinitis pigmentosa)의 주요 원인은 미량 금속인 아연 결핍이라는 연구결과가 나왔다.

미국 다트머스 대학 약리학, 독성학 교수 존 화 박사는 과학전문지 생물화학 최신호에 발표한 연구보고서에서 체내에 아연이 얼마나 있느냐에 따라 안구의 광선수용체 단백질인 로도프신의 정상기능 여부가 결정된다고 밝힌 것으로 헬스데이 뉴스 인터넷판이 28일 보도했다.

화 박사는 체내에 아연이 부족하거나 아연이 결합하는 곳이 변이되면 로도프신이 분해되면서 세포사멸을 유발, 망막이 퇴화되고 결국 시력을 잃게 된다는 사실을 알아냈다고 밝혔다.

화 박사는 특별히 흥미로운 사실은 로도프신의 이같은 특징이 여러 가지 신경퇴행성 질환에 관여하는 다른 단백질과 매우 흡사하다는 것이라고 말했다.

국민일보

해양성 심층수로 재배한 농작물의 품질이 탁월하다

해양성 심층수로 재배한 농작물의 품질이 탁월하다
글쓴이 | 관리자
조회 | 509
자료출처 | 2004. 12. 13. 국민일보

인터넷검색 미네랄대학 〉 미네랄뉴스실 〉 NO19 ▼

해양성 심층수로 쌀과 사과, 고추, 딸기, 무, 포도, 토마토, 참깨 등 각종 농작물을 시험 재배한 결과 육질과 당도 등 품질과 수확량에서 일반 농작물에 비해 큰 효과가 있는 것으로 확인...

해양성 심층수로 재배한 농작물이 품질과 수확량 등에서 탁월한 효과가 있는 것으로 나타나 농가소득 증대에 도움이 될 것으로 예상된다.

13일 부산시와 경상남도 등에 따르면 올해 해양성 심층수로 쌀과 사과, 고추, 딸기, 무, 포도, 토마토, 참깨 등 각종 농작물을 시험 재배한 결과 육질과 당도 등 품질과 수확량에서 일반 농작물에 비해 큰 효과가 있는 것으로 확인됐다.

특히 병충해 피해가 적어 농약사용을 하지 않는 무공해 웰빙 농산물을 생산, 농산물시장 개방에 맞춰 새로운 경쟁력을 갖춘 대안농법으로 평가받고 있다.

전북 정읍시 정우면 박기수(72)씨는 올해 해양성 심층수를 이용 5,000여평에 벼를 심었다.

이중 각각 1,200여평에 재배한 본도고이와 주남벼 등 2개 품종의 수확량이 예년에 비해 크게 증가했다.

본도고이의 경우 1,200평에서 40kg들이 82가마를 수확했다.

예년에는 60여가마에 그쳤다.

또 주남벼도 예년에 비해 20가마 많은 73가마를 수확했다.

경남 거창군 웅양면에서 27농가 농민들과 함께 고추와 무, 딸기, 사과, 포도 등을 재배한 김상수(55)씨도 올해 품질이 탁월한 농산품을 수확, 개방화시대에 대처할 수 있다는 자신감을 얻었다.

한겨레

술!술!숙취! 몽롱, 무기력
미네랄부족 현상

술!술!숙취! 몽롱, 무기력 – 미네랄부족 현상
글쓴이 | 관리자
조회 | 579
자료출처 | 2004. 12. 16. 한겨레

인터넷검색 미네랄대학 〉 미네랄뉴스실 〉 NO20 ▼

술을 마시면 알콜과 함께 소변이나 땀, 기타 분비물로 많은 수분과 함께 미네랄 등 여러가지 전해질이 몸밖으로 빠져나...

세밑이 가까워지면서 각종 술자리 모임이 줄을 잇는다.
술자리가 잦다 보면 어지간한 술꾼이라도 쉽게 술에 취해 과음으로 이어지게 되고 십중팔구 그 다음 날에는 숙취로 고생하게 마련이다.
술을 마시면 알콜과 함께 소변이나 땀, 기타 분비물로 많은 수분과 함께 미네랄 등 여러가지 전해질이 몸 밖으로 빠져나간다.
술 마신 다음날 몽롱하고 무기력해지는 증상은 바로 수분과 전해질 부족 때문에 생긴 것이다.

마그네슘이 기억력 향상 MIT 박사팀 연구결과

마그네슘이 기억력 향상 – MIT 박사팀 연구결과
글쓴이 | 관리자
조회 | 510
자료출처 | 2004. 12. 02. 한국경제

인터넷검색 미네랄대학 〉 미네랄뉴스실 〉 NO23 ▼

미국 MIT 피카우어 학습기억센터의 구오송 류 박사는 의학전문지 '신경원' 최신호(12월 2일자)에 발표한 연구보고서에서 마그네슘이 기억과 학습에 중요한 뇌 세포의 핵심 수용체를 조절한다는 사실을 밝혀냈다고...

미국 MIT 피카우어 학습기억센터의 구오송 류 박사는 의학전문지 '신경원' 최 신호(12월 2일자)에 발표한 연구보고서에서 마그네슘이 기억과 학습에 중요한 뇌 세포의 핵심 수용체를 조절한다는 사실을 밝혀냈다고 헬스데이 뉴스 인터넷판이 1일 보도했다.

류 박사는 "뇌척수액에 마그네슘이 적절히 유지돼야 신경세포를 서로 연결하는 시냅시스의 가소성이 유지된다"며 "마그네슘이 부족하면 기억 학습능력이 저하 되고 마그네슘이 넉넉하면 향상된다"고 설명했다.

시냅시스의 가소성이란 신경세포의 변신기능을 말하는 것으로, 이는 뇌의 학습 기억능력에 절대적으로 필요한 것이다.

마그네슘은 검푸른 채소에 많이 들어 있으며 성인은 하루 약 4백mg이 필요하다. 마그네슘이 결핍되면 알레르기, 천식, 주의력결핍 장애, 불안장애, 심장 질환, 근육 경련 등이 발생하는 것으로 알려지고 있다.

마그네슘이
부족하다

마그네슘이 부족하다
글쓴이 | 관리자
조회 | 554
자료출처 2004. 09. 23. 한겨레21

인터넷검색 미네랄대학 〉 미네랄뉴스실 〉 NO24 ▼

특별한 병에 걸리지 않은 건강한 사람들도 거의 80%가 마그네슘 결핍 상태에 있다는 연구보고가 있다. 급성 질환에 걸리거나 만성 질환을 앓는 사람들은 대부분...

우리의 몸을 구성하는 원소는 고작 25가지뿐이다.

이 가운데 마그네슘이 차지하는 비율은 0.1%에 지나지 않는다.

인체에 있는 마그네슘은 50%가 칼슘(Ca)과 함께 뼈 속에 들어 있다.

그래서 칼슘이 부족한 사람은 마그네슘도 모자란다.

나머지 49%의 마그네슘은 세포 내에서 300가지 이상의 화학반응 과정에 촉매로 작용한다.

마그네슘은 근육과 신경의 기능을 유지하고, 심장 박동에 리듬을 주고, 에너지를 발생시키며, 단백질 합성의 촉매 등의 구실을 한다.

특별한 병에 걸리지 않은 건강한 사람들도 거의 80%가 마그네슘 결핍 상태에 있다는 연구보고가 있다.

급성 질환에 걸리거나 만성 질환을 앓는 사람들은 대부분 마그네슘 결핍 상태에 있다.

마그네슘 섭취가 부족하면 입맛이 떨어지고 이유 없이 우울한 기분에 빠지기도 한다.

팔과 다리에 쥐가 나는 것처럼 근육 경련이 일어나고 통증이 생기고 마비된 것 같은 느낌에 사로잡히기도 한다.

때론 심장이 불규칙하게 뛰는 부정맥이 오는 경우도 있다. 심장 혈관에 혈액 순환이 잘 안 되어 가슴이 아픈 협심증이 생기거나 경기나 발작도 마그네슘 부족에서 비롯되기도 한다.

마그네슘이 부족하면 환자가 이미 가지고 있는 질병이나 증상을 악화시키고 합병증을 유발한다. 먼저 혈전을 조장한다.

혈전이란 혈관에 생긴 작은 응혈 덩어리가 혈관 벽에 붙은 것을 말한다.

이것이 아주 커지면 혈관을 꽉 막아버리는 경우도 있다.

마그네슘이 부족하면 이러한 혈전을 더 잘 생기게 한다는 뜻이다.

또 동맥 혈관 벽을 딱딱하게 만드는 동맥경화증을 악화하고 안구 안 후면 벽에 깊숙이 스크린처럼 자리하는 망막에 병변이 있을 때 악영향을 끼치기도 한다.

게다가 고혈압을 악화함에 따라 뇌졸중의 위험성이 높다. 그뿐만이 아니다.

마그네슘 섭취량이 모자라면 당뇨병에 걸리게 되고, 또 이미 당뇨병에 걸린 사람에게는 그 증상이 악화되는 경향이 있다.

세포 내의 마그네슘 이온이 모자라면 내성 인슐린(제구실을 못하는 인슐린)이 증가하기 때문이다. 당뇨병에 걸리기 쉬운 위험인자(뚱뚱한 사람, 운동 부족인 사람, 담배를 많이 피는 사람, 가족 중 당뇨병에 걸린 사람 등)를 지닌 사람들도 마그네슘을 많이 섭취하면 당뇨병에 걸릴 확률이 줄어드는 것으로 밝혀졌다.

마그네슘이
성인 당뇨병에
효과

마그네슘이 성인 당뇨병에 효과
글쓴이 | 관리자
조회 | 521
자료출처 | 004. 05. 10. KBS TV 2

인터넷검색　미네랄대학 〉 미네랄뉴스실 〉 NO26　▼

미 MSNBC인터넷판은 성인 남녀 13만명을 대상으로 분석한 결과 마그네슘 섭취량이 많은 사람들은 당뇨병에 걸릴 확률이 34%나 낮은 것으로 조사...

마그네슘이 성인 당뇨병에 효과가 있다는 연구 결과가 나왔습니다.
미 MSNBC인터넷판은 성인 남녀 13만명을 대상으로 분석한 결과 마그네슘 섭취량이 많은 사람들은 당뇨병에 걸릴 확률이 34%나 낮은 것으로 조사됐다고 밝혔습니다.
KBS뉴스 정지주입니다.

기능식품신문

산만한 아동 미네랄(철분)결핍 때문

산만한 아동 미네랄(철분)결핍 때문
글쓴이 | 관리자
조회 | 584
자료출처 | 2004. 12. 27. 기능식품신문

인터넷검색　　미네랄대학 〉 미네랄뉴스실 〉 NO29　　▼

프랑스 파리 소재 로베르 데브르 병원의 에릭 코노팔 박사팀은 '소아 · 청소년의학 회보' 최신호에 발표한 논문에서 이 같이 밝혀...

마그네슘 섭취량이 부족한 성인들의 경우 학습능력과 기억력이 저하된다는 연구결과가 최근 공개된데 이어 이번에는 주의력 결핍 과잉행동장애(ADHD) 증상을 보이는 어린이들은 대부분 철분결핍 상태인 것으로 사료된다는 요지의 논문이 나와 시선을 집중시키고 있다.

프랑스 파리 소재 로베르 데브르 병원의 에릭 코노팔 박사팀은 소아 · 청소년의학 회보 최신호에 발표한 논문에서 이 같이 밝혔다.

철분결핍이 뇌 내부의 신경전달물질인 도파민의 기능에 이상을 유발하고, 이로 인해 ADHD 증상이 나타나는 것으로 사료된다는 것.

특히 코노팔 박사는 "ADHD 증상을 보이는 어린이들에게 철분 보충제를 복용토록 할 경우 효과를 볼 수 있을 것"이라고 피력했다. (내용없음)의 연구팀은 ADHD 증상을 보이는 53명의 어린이들과 건강한 27명의 대조그룹 어린이들을 대상으로 혈중 철분농도를 측정하는 시험을 진행했다.

철분 축적량은 혈중 페리친(ferritin)의 농도를 측정하는 방식으로 파악됐다. 페리친 농도 측정법은 ADHD 증상의 정도(程度)를 가늠하는 척도로 활용되고 있는 표준적인 방식.

그 결과 ADHD 증상을 보이는 어린이들 가운데 84%에 달하는 42명에서 페리친 농도가 정상적인 수준에 미치지 못했던 것으로 드러났다. 반면 대조그룹에서는 18%에 해당하는 5명에서만 페리친 농도에 이상이 눈에 띄었다. 또 페리친 농도가 지나치게 낮게 나타난 경우는 ADHD 그룹의 경우 17명에 달해 전체의 32%가 해당되었던데 비해 대조그룹에서는 단 한명만이 이 같은 케이스에 해당되었던 것으로 분석됐다.

국민일보

생명의 촉매 에너지
'미네랄'

생명의 촉매 에너지 '미네랄'
글쓴이 | 관리자
조회 | 607
자료출처 | 2005. 01. 07. 국민일보

인터넷검색 미네랄대학 〉 미네랄뉴스실 〉 NO33 ▼

노아홍수 당시 하늘의 문이 열리고 지구 맨틀(지하 700㎞)에서 터져나온 깊음의 샘들(창 11:7)은 줄잡아 1,000여 개에 달할 것으로 지구과학자들은 추측하고…

물이 있는 곳에는 생명체가 존재한다.

물이 없는 상태에서 생명의 씨앗은 발현될 수 없다. 따라서 물은 수분(H_2O)이상의 의미를 넘어 생명의 지평선이 되고 있다. 물이 생명수이어야 하는 이유도 여기에 있다.

세포를 살리는 생명수는 선택적 은총인 생명발현을 위한 '씨앗 에너지'와 세포를 정상으로 되돌리는 '환원 에너지', 그리고 세포의 기능을 왕성하게 하는 '촉매 에너지' 등 적어도 3가지 에너지를 담고 있다.

씨앗 에너지는 물속에 담겨 있는 정보를 의미하고 환원 에너지는 수소이온농도(pH)를 뜻한다. 그리고 촉매 에너지는 물속에 녹아 있는 미네랄을 의미한다.

이 3가지 중 한 요소만 빠져도 그것은 생명수로 적합하지 않다고 봐야 한다.

노아홍수 당시 하늘의 문이 열리고 지구 맨틀(지하 700㎞)에서 터져나온 깊음의 샘들(창 11:7)은 줄잡아 1,000여 개에 달할 것으로 지구과학자들은 추측하고 있다.

이 가운데 극히 일부만 지하에 매장됐고 대부분은 지표에 남아 지금의 바다를 이뤘다는 것이 과학자들의 주장이다. 노아홍수 이전까지 맨틀의 생명수는 갈라진 지각 사이를 뚫고 지구 곳곳에서 솟아났기 때문에 당시 사람들은 손쉽게 이를 마시고 장수의 복을 누린 것이다. 생명수는 적어도 지하 수백㎞의 화강암층을 뚫고 장구한 세월에 걸쳐 솟아올랐다.

그 과정에서 인체에 필요한 모든 미네랄이 가장 이상적으로 배합돼 녹아있었을 것이라고 쉽게 짐작할 수 있다.

흙으로 창조된 사람(창 2:7)의 구성 원소는 흙속의 모든 원소를 다 포함하고 있으며, 인체는 그 원소를 모두 필요로 하고 있음은 시사하는 바가 무척 크다.

인체의 구성 성분 중에서 미네랄이 차지하는 비율은 체중의 4% 정도밖에 되지 않는다. 나머지 96%는 탄수화물, 지방, 단백질과 같은 대량 영양소와 매우 적은 양의 비타민이다.

이렇게 적은 양의 미네랄은 신체의 각 부분을 형성하고 특히 뼈 및 치아와 같은 경조직을 구성하고 뼈와 뼈를 연결하는 연결조직을 만들기도 한다. 뿐만 아니라 없거나 부족하면 △성장호르몬이나 성호르몬이 제대로 역할을 하지 못하며 △탄수화물, 지방, 단백질 등에 대한 분해 및 에너지 대사작용에도 문제가 발생하고 △비타민도 그 역할을 제대로 수행하지 못해 거의 무용지물이 되고 만다. 또한 미네랄은 몇몇 영양소의 흡수율을 증가시키며 균형이 깨질 경우 체액의 축적이나 탈수로 이어지게 된다.

이런 의미에서 이른바 몸에 좋다고 하는 다른 영양소를 아무리 많이 섭취해도 미네랄의 상호작용 없이는 인체는 이들 영양소로부터 사실상 이득을 얻을 수 없다.

미네랄의 부족이나 부조화는 곧바로 질병으로 이어진다. 고혈압도 칼슘 부족이 한 원인이라는 것은 이제 새로운 사실이 아니다. 미네랄의 부조화는 나트륨이 잘 대변해주고 있다.

세포막은 세포 안에 있는 나트륨과 세포 밖에 있는 칼륨을 교환, 나트륨을 되도록 세포 밖으로 밀어내고 칼륨을 세포 안으로 끌어들이는 작용을 한다.

세포 안의 나트륨을 밖으로 밀어내는 작용이 약해지면 즉, 칼륨이 부족하게 되면 나트륨과 칼슘의 교환이 일어나 세포 안으로 칼륨이 아닌 칼슘이 들어오게 된다.

이 칼슘이 혈관을 수축시켜 혈액의 흐름을 원활하지 못하게 하고 그 결과 혈압을 높이는 원인이 된다. 그리고 이렇게 세포 안으로 들어간 칼슘만큼 인체는 칼슘이 부족하게 되며 그 칼슘은 뼈를 약하게 하는 2차 원인이 되는 것이다.

미네랄 하나가 부족하면 이처럼 인체 전체가 뒤흔들리는 사건이 벌어지게 된다.

영양학자들은 미네랄 하나가 부족하면 10여 가지의 질병을 초래할 수 있다고 경고하는 이유도 이 때문이다.

미네랄의 중요성은 이미 실험에 의해 수많은 사례가 밝혀져 있으며 자료 또한 풍부하다.

학계에 보고된 자료를 종합하면 물속의 미네랄을 완전히 제거한 증류수 즉, 순도 100%의 깨끗한 물을 3개월 정도 마시면 인체 저항력이 현저하게 떨어지고 6개월 정도 마시면 뼈가 부러지기 시작하며 8개월 정도 마시면 사망에 이를 수 있다.

아무리 깨끗한 물이라 해도 생명수에서 멀어지면 결코 세포를 살릴 수 없다는 것을 과학은 뒤늦게 밝혀낸 셈이다. 이렇게 중요한 미네랄이 생명수에 가장 풍부하게 포함돼 있고 이상적 배합으로 이온화돼 있다는 것은 세포의 모든 기능을 왕성하게 하는 '촉매 에너지'를 통해 인류에게 건강의 복을 주시기 위한 창조주(출 15:26)의 계획임을 깨달을 수 있다.

한국일보

세계 최고품질 일본 쌀 가격 상상초월 미네랄 토양이 관건이다

세계 최고품질 일본 쌀 가격 상상초월 미네랄 토양이 관건이다
글쓴이 | 관리자
조회 | 537
자료출처 | 2005. 01. 04. 한국일보

일본인들이 '세계 최고 쌀'로 자부하는 특별미(特別米) 가격은 상상을 초월한다. 12%는 미네랄과 인산 비료를 많이 줘야 하는 흑토(黑土)라는 사실...

일본인들이 '세계 최고 쌀'로 자부하는 특별미(特別米) 가격은 상상을 초월한다. 니가타(新潟)현 우오누마 지방의 고시히까리나 아키타(秋田)현 아키타코마치 가격은 5kg에 4,500~5,000엔에 달한다.

일본 쌀이 개방 파고를 이겨낸 것은 고급화에 성공했기 때문이다.

한국 쌀보다 4~5배 비싼 특별미를 재배하는 니가타와 아키타에서는 농민과 농협, 농정당국이 쌀의 고급화를 위해 일본이 보유한 첨단 기술을 총동원하고 있다.

아키타현청 농림수산부 생산진흥반 토요시마 켄키치(豊嶋健吉) 반장은 "'아키타 미인'이라는 말이 생길 정도로 아키타는 미인이 많은 지방인데, 이들이 아키타코마치를 먹고 자라기 때문"이라고 소개했다.

그는 "아키타현 정부와 농민들은 아키타 쌀의 명성을 유지하기 위해 생산 이력제, 맞춤식 토양 관리와 엄격한 가공처리 체계를 갖추고 있다"고 말했다.

토요시마 반장에 따르면 아키타현은 관내 12만ha 논을 5가지로 분류한 데이터베이스를 구축, 토양에 따라 쌀 재배방법을 달리한다. 예를 들어 유기물 함유량이 많은 '그라이(Gly)' 토양은 아키타 전체 논의 30%인 4만8,000ha에 달하는데, 초기 생육조건 확보에 중점을 둬야 한다.

토요시마 반장은 "10년간 현내 구석구석을 돌며 토양을 분석, 전체 논의 22%는 모내기 때 물관리를 잘해야 하는 회색저지(灰色低地) 토양이며, 12%는 미네랄과 인산 비료를 많이 줘야 하는 흑토(黑土)라는 사실을 알아냈다."고 소개했다.

서울경제

[동의보감]
氣 흐름 미네랄이 중요

인터넷검색 │ 미네랄대학 〉 미네랄뉴스실 〉 NO35 ▼

기의 작용과 관련해서도 미네랄의 중요성은 빼놓을 수 없다. 미네랄은 인체내의 화학적, 전기적 시스템을 운영하는데 필요한 기본요소로서 신경자극의 전달, 근육수축, 인체의 생리작용을 담당하는...

동양의학에서는 건강을 지키는 요인의 하나로 기(氣)를 중시한다.

몸 안에 흐르는 극소량의 전기 에너지는 바로 살아있는 생명체들의 원동력이 되며 에너지 크기에 따라 생체는 생명력이 왕성하거나 미약해진다. 이런 관점에서 보자면, 인체의 기를 활성화하는 것은 의학의 중요한 과제 중 하나가 아닐 수 없다.

요즘 광물질을 의미하는 천연 미네랄의 중요성이 강조되고 있다. 미네랄은 인체가 필요로 하는 필수 영양소 가운데 하나인데, 최근 연구를 통해 체내 미네랄의 중요한 역할이 하나 둘 베일을 벗고 있다. 미네랄에는 칼슘, 인, 마그네슘, 나트륨, 칼륨, 염소, 황 등 정량미네랄과 철, 요오드, 아연, 구리, 셀레늄, 망간, 크롬, 몰리브덴, 불소 등 미량 미네랄이 있다.

미량 미네랄은 지극히 적은 양만 있어도 되는 미네랄인데, 그렇다고 해서 아예 없으면 안 된다.

미네랄은 인체의 주요 구성성분으로서 중요하다. 특히 이와 뼈 같은 경조직에서는 칼슘 철분과 같은 광물질 원소가 필수적이며 이 같은 성분이 부족하면 체세포 구성에 문제가 생긴다.

기의 작용과 관련해서도 미네랄의 중요성은 빼놓을 수 없다.

미네랄은 인체내의 화학적, 전기적 시스템을 운영하는데 필요한 기본요소로서 신경자극의 전달, 근육수축, 인체의 생리작용을 담당하는 각종 효소의 생성과 기능에 관여한다. 마그네슘은 인체 내 300여가지 효소의 생성과 기능에 관여하고, 이온화된 미네랄은 신체내 신경자극을 전달하는 매개가 된다. 두뇌와 전신을 잇는 신경은 전기적 신호를 전달함으로써 이 같은 기능을 수행하는데 충분한 미네랄의 공급은 전선의 전도성을 높이는 것과 같이 중요하다.

기능식품신문

마그네슘 보충제,
칼슘제 "게 섯거라"

마그네슘 보충제, 칼슘제 "게 섯거라"
글쓴이 | 관리자
조회 | 779
자료출처 | 2004. 12. 13. 기능식품신문

마그네슘은 인체 내부에서 300개를 상회하는 각종 생화학 반응에 관여하는 물질. 근육과 신경이 정상적으로 기능을 수행토록 하고, 심장박동을 일정하게 유지하며, 뼈의 건강에도 매우 중요한 미네랄 성분으로 알려지고...

마그네슘 함유량을 강화한 각종 건강기능식품과 에너지 드링크제가 쏟아져 나오고 있다.

지금까지 식품·건기식 업계에서 칼슘에 비해 사용량이 훨씬 낮은 수준에 머물러 있던 미네랄 성분인 마그네슘이 새롭게 각광받고 있는 것. 이 같은 트렌드에 부응해 최근 마그네슘 보충제 신제품을 선보인 독일 굴지의 제약·화학 그룹 베링거 인겔하임社가 한 예이다.

마그네슘은 인체 내부에서 300개를 상회하는 각종 생화학 반응에 관여하는 물질로 근육과 신경이 정상적으로 기능을 수행토록 하고, 심장박동을 일정하게 유지하며, 뼈의 건강에도 매우 중요한 미네랄 성분으로 알려지고 있다.

게다가 체내의 에너지 대사와 단백질 합성과정에서도 중요한 역할을 수행하는 물질이 바로 마그네슘이다. 베링거의 에른스트 귄터 프로덕트 매니저(PM)는 "마그네슘 함유제제에 대한 수요가 증가일로에 있어 조만간 칼슘제에 비견할만한 마켓셰어를 점유하게 될 것"이라고 전망했다.

그는 또 최근 독일에서 마그네슘 함유제제에 대한 광고가 강화되고 있어 향후 식품업계에서 이 제품에 대한 수요가 크게 늘어날 것으로 기대한다고 덧붙였다.

시장조사기관 민텔社(Mintel)의 글로벌 신제품 데이터베이스에 따르면 올들어서만 세계 각국에서 220종의 마그네슘 함유 신제품이 선을 보여 지난해의 150종을 적잖이 넘어섰을 정도이다.

프랑스 다농(Danone)의 경우 올해 신제품 발효음료 젠(Zen)을 벨기에와 아일랜드 시장에 출시했다.

제주일보

밥상이 썩었다?
당신의 몸이 썩고 있다

인터넷검색   미네랄대학 〉 미네랄뉴스실 〉 NO38   ▼

이 중 천일염은 칼슘과 마그네슘, 칼륨을 비롯한 각종 미네랄을 풍부하게 함유하고 있어 인체에 필요한 영양소의 균형을 이루게 해서 생활습관병을 예방한다고...

"소금제한론이 대두된 이후 지난 20년간 우리 국민의 건강은 어떻게 변했습니까? 인체 방부제이자 생명의 방부제인 소금을 지금처럼 기피해 밥상이 계속 썩는다면 5년 내에 당뇨와 암환자가 넘쳐나고 아토피, 변비, 정신질환과의 전쟁시대를 맞게 될 것입니다."

자연식연구가 강순남씨는 신간 '밥상이 썩었다. 당신의 몸이 썩고 있다(소금나무 刊)'에서 소금 섭취기피 현상의 오류를 지적한다. 그는 정제염과 천일염 소금의 차이를 설명하고 이 중 천일염은 칼슘과 마그네슘, 칼륨을 비롯한 각종 미네랄이 풍부하게 함유하고 있어 인체에 필요한 영양소의 균형을 이루게 해서 생활습관병을 예방한다고 말한다.

강씨는 또 첨단 현대의학으로도 속수무책인 생활습관병은 이미 밝혀진 것처럼, 잘못된 먹을거리와 식습관에서 온다고 강조한다. 현대인들은 기름진 음식을 너무 많이 먹어서 병이 나고 있으며, 특히 음식을 먹은 만큼 밖으로 배출하지 못하는 것이 생활습관병의 가장 큰 원인이라고 꼽는다. 그는 이에 따라 입이 원하는 음식이 아니라 몸이 원하는 음식, 즉 배설이 잘 되는 음식을 섭취해야 한다고 주장한다. 이와 함께 책은 단식과 관장, 활원운동, 냉·온욕 등으로 각종 생활습관병 환자의 몸을 바로잡은 다양한 사례 등을 담고 있다.

일본-마그네슘, 노래 잘 부르는 약으로 불티!

일본-마그네슘, 노래 잘 부르는 약으로 불티!
글쓴이 | 관리자
조회 | 971
자료출처 | 2005. 2. 28. TV리포트

인터넷검색 미네랄대학 〉 미네랄뉴스실 〉 NO40 ▼

주성분은 마그네슘으로 심장 혈류능력과 폐활량을 높여 한층 강한 소리를 횡경막에서 압출되게 하며, 성대 세포에 흡수돼 성대의 유연성과 반향작용을 높이게 되는 원리...

방송에서 소개된 소위 노래 잘 부르는 약이 불티나게 팔리고 있다.

"2003년 말 일본에서 시판된 일명 '천사의 노래(미스틱에너지, Mistic Energy)' 가 지난 2월 12일 KBS 2TV '스펀지' 에 소개된 이후 판매가 급증하고 있다"고 밝혔다.

이 약은 한마디로 노래 실력을 도와주는 가요도우미이다.

스펀지에 소개될 당시, 실험대상자들은 약을 복용한 후 평소 고음처리와 음정호흡이 곤란했던 곡을 소화하는데 도움을 받았다.

약을 3알씩 물과 함께 복용하고 40~50분 후에 다시 부른 결과, 노래실력이 확실히 달라진 사실을 확인했던 것. 관계자에 따르면 복용 후 약 6시간 정도 효과가 지속되며, 노래방에서는 1시간 가량 효과가 나타난다고 전했다.

"이 제품을 구입하는 고객 중 20대 남성이 가장 많고 이들은 신입생 환영회나 신입사원 환영회 식 때 사용하는 사람이 대부분인 것으로 분석되고 있다"며 "입소문을 타고 40~50대 주부들의 문의와 구입이 늘어나고 있다"고 말했다.

이 약은 원래 미국에서 육상, 수영 등 산소소비량이 많은 운동선수를 위해 쓰인 것에 착안, 일본 소니아사가 건강보조식품으로 개발했다.

주성분은 사과산과 마그네슘으로 심장 혈류능력과 폐활량을 높여 한층 강한 소리를 횡경막에서 압출되게 하며 사과산의 도움으로 마그네슘이 성대 세포에 흡수돼 성대의 유연성과 반향작용을 높이게 되는 원리.

문화일보

춘곤증, 미네랄이 답이다

춘곤증, 미네랄이 답이다
글쓴이 | 관리자
조회 | 548
자료출처 | 2005. 03. 03. 문화일보

인터넷검색	미네랄대학 〉 미네랄뉴스실 〉 NO41 ▼

무기질이 풍부한 봄나물은 신진대사를 원활하게 해주고, 입맛을 돋우는 효과가...

무기질이 풍부한 봄나물은 신진대사를 원활하게 해주고, 입맛을 돋우는 효과가 있다.
몸이 나른하고 졸음이 쏟아지는 춘곤증을 쫓는 봄나물은 보약이다.
간장작용에 좋은 달래, 위와 장에 좋은 냉이, 피로회복에 좋은 두릅, 식욕증진에 좋은 씀바귀를 비롯하여 돗나물, 원추리나물, 유채나물 등이 대표적인 봄나물이다.
돗나물, 달래, 더덕과 같이 생으로 먹는 봄나물은 새콤달콤하게 양념을 하고, 냉이, 씀바귀, 유채순 같이 데쳐 먹는 나물은 기호에 따라 고추장이나 된장으로 간을 하면 겨울 동안 무뎌진 입맛을 되찾기에 좋다고 한다.
봄나물은 여러가지 효능과 더불어 쓴맛과 신맛 등을 가지고 있어 봄철 입맛을 살리기에도 제격이다. 특히 '봄 약선(藥仙)요리'는 봄기운을 가득 담은 봄나물을 주요재료로, 한방 의학과 약학 이론에 기초해 약재나 약용가치를 지닌 식물을 적절히 배합해 만든 음식으로, 겨울동안 부족하기 쉬운 비타민을 보충하고, 갑작스러운 기후변화로 찾아오는 봄철의 나른함과 피곤함을 이기는데 도움이 된다.
이와함께 봄을 가장 먼저 알려주는 딸기는 여타의 과일이나 야채에 비해 비타민 C의 함량이 매우 높다. 뿐만아니라 우유나 크림을 곁들이면 딸기에 풍부한 구연산이 우유의 칼슘 흡수를 돕고, 비타민 C는 철분의 흡수를 극대화하여, 봄철 최고의 영양 궁합을 자랑한다.

기능식품신문

日 미네랄워터
시장확대 급물살

日 미네랄워터 시장확대 급물살
글쓴이 | 관리자
조회 | 763
자료출처 | 2005. 3. 28. 기능식품신문

인터넷검색 　미네랄대학 〉 미네랄뉴스실 〉 NO47 　▼

일본 네슬레의 콘토렉스는 48.6㎎의 풍부한 칼슘을 포함하고 있는 제품으로 여성들 사이에서 소문이 퍼져 지난해 약 70만개의 매출을 올리면서 전년대비 2배 이상의 성장을 올린 것으로 집계되고...

일본의 미네랄워터 시장이 그야말로 급물살을 타고 있다.

미네랄워터가 물맛은 물론 비만의 원인이 되는 칼로리가 없고 칼슘 등 몸에 필요한 미네랄 성분이 포함되어 있어 건강에 좋다는 이미지가 확산됨에 따라 일본 소비자들의 환영을 받고 있다.

일본 나고야 무역관에 따르면 지난 1993년 40만㎘에 불과했던 미네랄워터 시장은 2003년 14만 4,000㎘로 3배 이상 급성장한 것으로 보고되고 있다. 또, 2004년에도 전년대비 10% 이상 시장이 성장한 것으로 파악된다.

미네랄워터는 일본에서 인기상품, 건강을 지향하는 직장인을 중심으로 확산되는 경향을 보이고 있다. 특히 일본 네슬레의 콘토렉스는 48.6㎎의 풍부한 칼슘을 포함하고 있는 제품으로 여성들 사이에서 소문이 퍼져 지난해 약 70만개의 매출을 올리면서 전년대비 2배 이상의 성장을 올린 것으로 집계되고 있다.

이같이 건강을 표방한 물이 소비자들의 좋은 반응을 얻으면서 일본의 음료업계는 청량음료 대신 기능성 음료 개발에 열중하고 있다.

이러한 움직임에 발맞춰 산토리는 주력브랜드인 산토리연수를 리뉴얼하여 지난해 전년대비 117%의 실적을 올렸으며, 올해에도 5% 이상의 성장이 예고되고 있다.

일본의 미네랄워터 사용량은 아직 선진국에 비해 상당히 낮은 편이지만 매년 높은 성장을 지속하고 있어 시장볼륨은 한참 커질 것으로 전망되고 있다.

마그네슘 결핍되면
동맥경화 재촉

| 인터넷검색 | 미네랄대학 > 미네랄뉴스실 > NO50 ▼ |

미국 일리노이州 시카고 소재 노스웨스턴대학 의대 연구팀은 1일 워싱턴D.C.에서 열린 미국 심장협회(AHA) 연례 학술회의 심장병 · 역학(疫學) 및 예방 섹션에서...

평소 식생활을 통해 섭취하는 마그네슘이 부족할 경우 관상동맥 심장질환이 발병할 확률을 끌어올릴 수 있을 것으로 지적됐다.

미국 일리노이州 시카고 소재 노스웨스턴대학 의대 연구팀은 1일 워싱턴D.C.에서 열린 미국 심장협회(AHA) 연례 학술회의 심장병 · 역학(疫學) 및 예방 섹션에서 이같은 내용의 논문을 발표했다. 연구팀은 총 2,977명의 남 · 녀 성인들을 대상으로 흉부에 대한 컴퓨터 단층촬영(CT)을 통해 피험자들의 관상동맥 내부 칼슘 수치를 측정한 자료를 추적조사했다. 관상동맥 내부의 칼슘 수치는 동맥이 폐쇄되면서 발병하는 죽상경화증(즉, 동맥경화)의 발병 유무를 가늠할 수 있는 지표인자로 알려져 있다.

동맥경화가 나타나면 혈관내벽에 지방 등이 쌓여서 동맥벽이 두터워지고 굳어지면서 탄력성이 떨어지고 각종 혈액순환 장애증상이 나타나게 된다. CT 스캔작업은 참여 당시 18~30세 사이의 성인들을 대상으로 진행한 뒤 15년이 경과했을때 한차례 추가로 실시됐다.

연구팀은 추적조사를 진행하면서 피험자들의 영양실태에 관한 데이터베이스 자료를 확보해 평소의 마그네슘 섭취실태를 파악했다. 아울러 라이프스타일 관련정보들도 확보해 분석했다.

그 결과 평소의 마그네슘 섭취량이 관상동맥 내부의 칼슘 수치와 반비례 관계를 형성했다는 결론을 도출할 수 있었다. 이 같은 결론은 마그네슘 결핍으로 인한 지방(脂肪) 대사의 변화가 죽상경화증의 발병과 관련이 있음을 입증했던 기존의 연구사례들을 뒷받침하는 것이다.

약업신문

마그네슘 결핍도
골다공증 발생원인

마그네슘 결핍도 골다공증 발생원인
글쓴이 | 관리자
조회 | 499
자료출처 | 약업신문

인터넷검색   미네랄대학 〉 미네랄뉴스실 〉 NO52   ▼

이스라엘 텔아비브대학 연구팀은 미국 영양학회誌(Journal of the American College of Nutrition) 12월에 발표한 논문에서 이 같이...

마그네슘 결핍도 골다공증 발생원인, 척추·대퇴부 골밀도 향상에 관여 추정.

마그네슘 결핍상태가 지속될 경우에도 골다공증이 발생하는 것으로 사료된다는 새로운 내용의 연구결과가 나왔다.

실험용 쥐들을 대상으로 1년여 동안 마그네슘을 풍부하게 함유한 사료 또는 마그네슘 함유량이 부족한 사료를 공급한 결과 이 같은 결론을 도출할 수 있었다는 것.

이스라엘 텔아비브대학 연구팀은 미국 영양학회誌(Journal of the American College of Nutrition) 12월에 발표한 논문에서 이 같이 밝혔다.

현재 전 세계적으로 골다공증 환자수가 3,000만명에 달하는 데다 유럽지역에서 고관절 골절 환자수가 지금의 41만 4,000명 수준에서 오는 2050년에 이르면 97만 2,000명 안팎으로 135% 이상 증가할 것으로 예측되고 있음을 상기할 때 주목되는 대목인 셈이다.

연구팀은 "마그네슘을 충분히 섭취했던 실험용 쥐들의 경우 척추와 대퇴부 부위의 골밀도가 대조그룹에 비해 훨씬 높은 수치를 보였다."고 설명했다. 척추와 대퇴부의 골밀도는 골다공증 발병 유무를 나타내는 중요한 척도로 인식되고 있는 것이 현실이다.

한편 프랑스 파리 소재 피에르&마리 퀴리 대학의 장 뒤락 박사팀은 같은 저널에 발표한 논문에서 "오늘날 전체 프랑스 인구의 20% 정도가 1일 권장량의 3분의 2 수준에도 못미치는 마그네슘을 섭취하고 있는 형편"이라고 밝혔다. 이와 관련, 전문가들은 유럽지역에서 마그네슘 함유 보충제에 대한 수요가 최근 늘어나기 시작했다고 전하고 있다.

약업신문

美, 마그네슘건식
유효성, 안전성 인정

인터넷검색 〉 미네랄대학 〉 미네랄뉴스실 〉 NO53 ▼

보고서에서는 당뇨병, 혈압, 심장혈관질환, 골다공증 등에 대한 마그네슘의 유효성 등을 소개하고...

美 마그네슘건식 유효성 · 안전성 인정, 당뇨환자 · 고령자 등 보조식품 이용 필요
미국 국립보건연구원(NIH)의 영양보조식품실(ODS)은 최근 마그네슘의 유효성 · 안전성에 관한 기본적 정보를 정리한 보고서를 발표했다.
ODS에서는 CoQ10, 오메가3 지방산 등 30종류 이상의 주요 건식성분에 대해 기본정보를 정리하여 인터넷에 이미 발표한 바 있다.
보고서에서는 당뇨병, 혈압, 심장혈관질환, 골다공증 등에 대한 마그네슘의 유효성 등을 소개하고 있다.
4만명의 여성을 대상으로 한 조사에서 마그네슘 섭취량이 적어 살찌기 쉬운 여성은 Ⅱ형 당뇨병이 될 위험성이 크게 증가하는 것으로 확인됐다.
또, 3만명 이상의 미국 남성을 대상으로 4년간 추적조사한 결과에서는 마그네슘 및 칼륨, 식이섬유의 섭취량이 많은 사람은 고혈압의 위험이 낮은 것으로 판명됐다.
ODS에서는 혈중 칼륨과 칼슘의 양이 만성적으로 낮은 사람이나 관리불량인 당뇨병환자는 평소 식사에 추가하여 마그네슘 영양보조식품을 이용하는 것이 필요하다고 지적하고 있다.
또, 고령자는 마그네슘의 흡수력이 저하하여 마그네슘이 부족될 위험이 높기 때문에 더욱 보조식품의 사용이 추천된다고 언급하고 있다.
이밖에 이뇨제 및 항생물질, 항암제 등의 의약품을 이용하는 사람은 마그네슘 결핍이 될 위험이 높은 것으로 지적했다.

약업신문

마그네슘 결핍
기억력 저하

인터넷검색 | 미네랄대학 〉 미네랄뉴스실 〉 NO54 ▼

미국 매사추세츠 공과대학(MIT) 뉴로사이언스센터 뇌·인지과학연구실팀은 2일자 뉴런誌(Neuron) 최신호에 발표한 논문에서...

마그네슘 결핍 기억력 저하. 1일 권장량 400㎎, 성인 절반이 섭취 부족.
마그네슘이 중년 이후 성인들의 학습능력과 기억력을 유지하는데 대단히 중요한 역할을 수행하는 것으로 사료된다는 연구결과가 나왔다.
미국 매사추세츠 공과대학(MIT) 뉴로사이언스센터 뇌·인지과학연구실팀은 2일자 뉴런誌(Neuron) 최신호에 발표한 논문에서 이같이 밝혔다. 불안감, 심장병, 근육경련, 천식, 알러지, 주의력 결핍장애 등의 증상들도 마그네슘 결핍과 관련이 있는 것으로 사료되고 있다. 그런데 MIT 연구팀은 논문에서 "마그네슘이 학습능력, 기억력과 관련해 핵심적인 역할을 수행하는 뇌내 수용체의 작용에 영향을 미친다는 사실을 발견할 수 있었다."고 밝혔다. 이 같은 내용은 마그네슘을 충분히 섭취하지 않을 경우 학습능력과 기억력이 감퇴할 수 있으며, 반대로 충분한 양이 공급되면 인지기능 개선이라는 효과를 기대할 수 있으리라는 가능성을 시사하는 것이다.
연구팀은 논문에서 "뇌척수액 속의 마그네슘 함유량을 적절한 수준으로 유지하는 것이야말로 뇌세포들간의 연결부위를 말하는 시냅스의 적응력을 유지하는데 필수적인 것으로 사료된다."고 지적했다. 시냅스가 적응력을 갖는다는 것은 바로 뇌의 학습능력과 기억력이 원활히 이루어지게 됨을 의미하는 것이다. 그럼에도 불구하고 오늘날 미국 성인들의 절대다수가 평균치 이하의 마그네슘만을 섭취하고 있는 것으로 사료된다며 연구팀은 우려를 표명했다. 미국의 경우 성인들에 권장되고 있는 마그네슘의 1일 섭취량은 400㎎이다. 그러나 전문가들은 전체 성인들의 절반 가량이 충분한 수준의 마그네슘을 섭취하지 않고 있을 것으로 추정하고 있다.

마그네슘 대량 섭취로 대장암 막네

인터넷검색　│　미네랄대학 〉 미네랄뉴스실 〉 NO55　　　　▼

특히 주목되는 것은 가장 많은 양의 마그네슘을 섭취해 왔던 그룹의 경우 최소량을 섭취했던 그룹에 비해 대장암 발병률이 40%나 낮게 나타난...

마그네슘을 다량 섭취한 여성들의 경우 대장암(colorectal cancer) 발병을 억제하는 효과를 기대할 수 있을 것으로 사료된다는 요지의 연구결과가 나왔다.

특히, 이번에 공개된 내용은 동물실험 결과가 아니라 실제 사람들을 대상으로 장기간에 걸쳐 진행되었던 추적조사의 결론을 담은 것이어서 더욱 주목되고 있다.

지금까지 마그네슘이 대장암 예방에 효과적일 수 있다는 가설은 동물실험을 통해서만 가능성이 시사되었을 뿐, 실제 사람을 대상으로 진행된 연구결과는 눈에 띄지 않았던 것이 현실이다.

스웨덴 스톡홀름 소재 카롤린스카 연구소의 수잔나 라르손 박사팀은 미국 의사회誌(Journal of the American Medical Association) 1월호에 이같은 내용을 담은 조사결과를 공개했다.

라르손 박사팀은 총 6만 1,433명에 달하는 40~75세 사이의 여성들에 대한 자료를 면밀히 분석하는 작업을 진행했다. 조사대상자들은 지난 1987년부터 1990년에 이르는 기간 중 암을 진단받은 전력이 없는 이들이었다. 그 결과 추적조사 기간에 해당한 평균 14.8년의 기간 동안 805명의 대장암 발병사례가 집계됐다. 특히 주목되는 것은 가장 많은 양의 마그네슘을 섭취해 왔던 그룹의 경우 최소량을 섭취했던 그룹에 비해 대장암 발병률이 40%나 낮게 나타난 대목이었다.

라르손 박사는 "유럽인들의 마그네슘 섭취 수준이 결핍 상태에 있다는 요지의 조사결과가 최근 발표된 바 있음을 상기할 때 이번에 공개한 내용에는 매우 중요한 의미가 담겨 있다고 말할 수 있을 것"이라고 자평했다. 게다가 뒤락 박사팀은 "여성들에게서 마그네슘 결핍이 더욱 두드러지게 나타났다."며 문제의 심각성을 제기했다.

건강기능식품신문

크롬,
당뇨환자에
도움

크롬, 당뇨환자에 도움
글쓴이 | 관리자
조회 | 814
자료출처 | 2005. 06. 09. 건강기능식품신문

인터넷검색 미네랄대학 〉 미네랄뉴스실 〉 NO59 ▼

슬로베니아 류블랴나대학의 보얀 브르토베치 박사팀은 미국 심장저널(American Heart Journal) 4월호에 발표한 논문에서 이 같이 밝혀...

2형 당뇨병 환자들이 단기간 동안 크롬 보충제를 복용한 결과 QT간격이 단축된 것으로 나타나 주목되고 있다.

슬로베니아 류블랴나대학의 보얀 브르토베치 박사팀은 미국 심장저널(American Heart Journal) 4월호에 발표한 논문에서 이 같이 밝혔다.

이와 관련, QT간격이란 심근(心筋)의 수축과 관련한 심전도율을 나타내는 개념. 그 간격이 연장되면 심장박동이 불규칙해지면서 부정맥 증상이 나타나고, 이로 인해 심장마비로 사망할 가능성이 높아지는 것으로 알려져 있다.

특히 전문가들은 당뇨병 환자들의 경우 QT간격이 연장되면 질병이 발생하는 이환률(罹患率)이나 사망률이 높아진다고 지적하고 있다.

2형 당뇨병 환자들에게서 QT간격이 연장되면 공복시 혈당 수치가 상승하고, 혈중 인슐린 수치도 높아질 뿐 아니라 인슐린 감수성이 저하된다는 것.

그런데 크롬 보충제를 복용토록 한 결과 인슐린 감수성이 개선되었고, 혈중 인슐린 수치는 떨어졌으며, 혈당의 항상성(恒常性)도 제고되었음을 관찰할 수 있었다고 브르토베치 박사는 설명했다.

중앙일보

이유없이 아픈 증상, 혹시 미네랄 부족?

인터넷검색   미네랄대학 〉 미네랄뉴스실 〉 NO65 ▼

손 저림, 입 마름, 손톱이 잘 부러짐, 혹이 잘 생김, 만성 피로, 불면, 기립성 저혈압, 생리통, 스트레스, 가려움증... 질병인지 아닌지 모호한 증상이...

손 저림, 입 마름, 손톱이 잘 부러짐, 혹이 잘 생김, 만성 피로, 불면, 기립성 저혈압, 생리통, 스트레스, 가려움증... 질병인지 아닌지 모호한 증상이 많다.

덩달아 삶의 질도 떨어지지만 병원에 가도 뾰족한 진단과 치료를 받지 못한다. 이런 사람은 미네랄(무기질)검사를 받아보면 어떨까? 특정 미네랄이 부족한 경우 이를 보충하는 것만으로도 신통하게 나을 수 있기 때문이다. 국내 일부 병원에서(대한임상영양학회 소속 의사를 중심으로) 시도되고 있는 미네랄 치료를 소개한다. (박태균 식품의약전문기자)

미네랄이란 일종의 광물질. 인체 구성 성분으론 3%밖에 차지하지 않지만 생명현상에선 없어서는 안 될 중요한 물질이다. 대표적인 다량원소로는 칼슘, 인, 칼륨, 유황, 나트륨, 염소, 마그네슘 등이 있고, 미량원소엔 철, 망간, 동, 요오드, 아연, 몰리브덴, 불소 등이 포함된다.

자신의 몸속에 미네랄이 적당한지를 알려면 모발 검사를 받아야 한다.

머리 뒤쪽의 모발 일부(약 50올, 모발이 없으면 겨드랑이 털, 음모도 가능)를 뽑아 미네랄 수준을 파악한다. 칼슘, 인 등 유용한 미네랄과 수은, 비소, 납, 카드뮴 등 유해 미네랄을 가려내기도 한다. 체내에서 상호작용을 하는 미네랄의 비율(칼슘, 마그네슘 또는 구리, 아연의 비율 등)도 파악된다. 일신기독병원 내과 박혜경 과장은 "모발은 채취일로부터 3개월 전까지 조직 내 미네랄 상태를 그대로 보여준다."며 "모발 미네랄 검사를 받으면 장차 자신에게 올 가능성이 큰 질병이 무엇인지도 미리 알아낼 수 있다."고 말한다.

중앙일보

마그네슘 모자라면
불안, 짜증 늘어

인터넷검색   미네랄대학 〉 미네랄뉴스실 〉 NO65   ▼

강남성모병원 가정의학과 김경수 교수는 "생리통, 생리 전 증후군의 치료에도 유용하다."며 "마그네슘, 비타민 B6을 2개월가량 복용...

검사에서 부족 판정이 가장 빈번한 미네랄은 마그네슘과 아연이다. 이 중 마그네슘은 우리 몸에서 일어나는 300가지 이상의 효소 반응시 없어선 안 될 미네랄이다.

우리 몸에 힘을 주고 피로를 막아주는 물질인 ATP의 생성 과정에서도 꼭 필요하다.

마그네슘이 부족하면 쉬 피로를 느끼고, 불안, 짜증, 우울감이 온다.

마그네슘은 음식을 편식하지 않고 충분히 섭취하더라도 부족하기 쉽다.

마그네슘은 아몬드, 현미밥, 오징어, 콩, 두부, 굴, 옥수수, 시금치, 정어리 등에 많이 들어 있으므로 서구식 식사를 즐기는 사람에게 결핍증이 자주 나타난다.

게다가 스트레스를 받을 때 마그네슘이 가장 많이 소모된다. 운동을 하는 도중에도 근육에서 빠져나간다.

마그네슘은 심혈관, 뇌혈관의 이완을 도와 협심증, 심근경색, 뇌졸중 등 혈관 질환을 예방한다.

혈압을 약간 떨어뜨린다는 연구결과도 있다.

손, 발이 자주 저리고 집중력이 떨어지는 것도 막아준다.

강남성모병원 가정의학과 김경수 교수는 "생리통, 생리 전 증후군의 치료에도 유용하다." 며 "마그네슘, 비타민 B6(피리독신)을 2개월가량 복용하면 증상이 한결 나아진다."고 조언한다.

여성동아

영양제 대신 먹는
미네랄

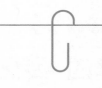

인터넷검색 　미네랄대학 〉 미네랄뉴스실 〉 NO70 　▼

2004년 유니세프가 발표한 세계 영양보고서 조사를 보면, 전 세계 인구 3분의 1이 미네랄 결핍 증상을 앓고 있다고...

미네랄이 부족하면 몸의 균형이 깨져 만성피로, 우울증, 집중력 저하 등의 증상이 나타날 수 있다.

◎ 미네랄이란
우리 몸의 3.5%라는 작은 부분을 차지하지만 몸의 균형을 유지하는 역할을 한다.
음식을 통해 섭취된 탄수화물, 지방, 단백질 분해, 합성하는 촉매 역할을 해 결핍되면 우리 몸의 균형이 깨져 갖가지 이상 증상을 일으킨다.
미네랄은 평소 식사로도 충분히 섭취할 수 있지만, 최근 환경오염이나 인스턴트식품 등으로 미네랄 결핍 증상이 늘어나고 있다.
2004년 유니세프가 발표한 세계 영양보고서 조사를 보면, 전 세계 인구 3분의 1이 미네랄 결핍 증상을 앓고 있다고 한다.

◎ 혹시 당신도 미네랄 부족?
집중이 잘 안되고, 늘 피곤하며, 눈가가 자주 실룩거린다거나, 피부가 거칠고, 감정 조절이 잘 안되는 등 원인을 알 수 없는 증상들이 나타난다면 미네랄 결핍을 의심해봐야 한다.
우리가 흔히 알고 있는 칼슘, 나트륨, 마그네슘, 아연 등이 미네랄로 특별한 음식에만 들어 있는 것이 아니기 때문에 균형 잡힌 식사를 하는 것만으로 증상을 개선할 수 있다.
일반적으로 한국인에게 가장 부족한 미네랄은 칼슘, 철분, 아연, 셀레늄, 마그네슘 등이다.

우리 몸의 균형추,
필수 미네랄

우리 몸의 균형추, 필수 미네랄
글쓴이 | 관리자
조회 | 690
자료출처 | 163회 우리 몸의 균형추, 필수미네랄
2006년 8월 22일 (화) KBS 1TV 22:00~23:00
담당 프로듀서 : 최기록 PD

인터넷검색　　미네랄대학 〉 미네랄뉴스실 〉 NO76 　▼

전문가들은 신체건강에 필수적인 미네랄의 결핍을 가리켜 '숨겨진 기아' 라 부르는데...

탄수화물, 단백질, 지방, 비타민과 함께 5대 영양소의 하나인 미네랄!
우리 몸에서 단 3.5%만을 차지하고 있는 미네랄은 수백만 가지의 신진대사를 조율해 체내 균형에 가장 큰 역할을 하는 숨은 실력자이다. 그러나 2004년 3월 유니세프 세계 영양보고서 조사를 보면, 전 세계 인구의 1/3이 미네랄 결핍이라고 한다. 전문가들은 신체건강에 필수적인 미네랄의 결핍을 가리켜 '숨겨진 기아' 라 부르는데...
영양 과잉 시대의 현대인들이 미네랄이 결핍된 채 살아가고 있는 이유는 과연 무엇일까?
우리 몸에 꼭 필요한 미네랄과 미네랄 균형을 지키기 위한 식습관에 대해 알아본다.

◎ 미네랄 3.5%의 비밀!

몇 년 전부터 불어 닥친 웰빙 열풍과 함께 미네랄에 대한 관심도 부쩍 높아지고 있다.
무려 10명의 식구들이 한지붕 아래 살고 있는 유경애씨네 가족은 자칭 타칭 미네랄 가족으로 통한다. 식초음료, 다시마 아이스크림 등 식생활은 물론 다시마 세안제나 팩등 천연 미용제까지 미네랄 성분이 들어가 있지 않은 것이 없을 뿐더러, 재료를 산지에서 직접 공수해오는 수고도 마다하지 않는 열성적인 미네랄 마니아이다. 유경애씨는 가족들의 건강비결을 미네랄이 풍부한 건강밥상으로 든다. 이웃나라 일본 역시 다시마와 두부 등 다양하게 가공된 미네랄 식품이 인기를 끌고 있다.

◎ 힘없는 당신, 아연(Zn) 부족일 수 있다!

시대를 초월해 자유사랑의 대명사로 손꼽히는 카사노바. 카사노바가 즐기는 음식은 따로 있었다. 특히 카사노바의 3가지 음식 중 단연 으뜸은 굴, 사랑을 나누기 전 화이트 와인과 굴을 먹었다는 카사노바의 일화는 너무도 유명하다. 굴에는 남성 호르몬의 분비와 정자의 생성을 촉진시켜 성性 미네랄이라고도 불리는 아연이 다량 함유된 것으로 알려졌다.

미국 뉴욕병원 이사돌로젠펠트 교수는 성기능이 저하된 사람이 성관계 직전 석화 6개 정도를 먹으면 효과가 있다는 흥미로운 연구 결과를 발표했다. 성장 발육을 돕는 성장 미네랄이기도 한 아연의 결핍은 어린이들에게 더 치명적일 수 있다. 상계 백병원 소아과학교실 박미정 교수팀은 정상으로 잘 자라는 아이와 원인 없는 성장 장애로 병원을 찾은 아이들을 대상으로 모발 검사를 실시한 결과 정상 아이 중 일부인 3.1%가 아연의 부족으로 나타난 반면, 성장 장애를 겪고 있는 아동의 무려 13.8%가 아연 결핍으로 조사됐다.

◎ 미네랄이 당신의 심장을 지킨다!

2001년 위암 수술로 죽음의 고비를 넘긴 정해근씨. 지난 6월 그가 다시 응급실을 찾은 이유는 다름 아닌 악성 부정맥 때문이었다. 위 절제술을 받은 뒤 영양 공급이 제대로 되지 않은 것이 문제가 되었던 것. 당시 그에겐 마그네슘의 투여와 칼륨의 처방이 내려졌다. 심장의 불규칙한 박동으로 생명마저 위협하는 부정맥의 경우 심장의 수축 작용을 돕는 칼륨과 마그네슘의 결핍이 그 원인인 경우가 있다.

그동안의 연구에 따르면 마그네슘과 칼륨의 불균형은 경계성 고혈압, 부정맥 등의 심혈관계 질환과 신장질환을 야기시켜 생명마저 위협할 수 있다고 한다. 그러나 칼륨의 경우 결핍뿐만 아니라 과다할 경우에도 치명적일 수 있으므로 의학적 검사를 바탕으로 적절하게 조절하는 것이 이상적이다.

삼성농협
'미네랄쌀 출시 설명회'

삼성농협 '미네랄쌀 출시 설명회'
글쓴이 | 관리자
조회 | 638
자료출처 | 미네랄대학

인터넷검색 　 미네랄대학 〉 미네랄뉴스실 〉 NO80 ▼

지난 9월 25일 충북 음성군 삼성면 삼성농협 대 강당에서 충청북도 도정국장 및 관계공무원, 관내 기관장 및 농협 대의원 그리고 주민 등 약 200여명이 모인 가운데 미네랄쌀 출시 설명회를...

지난 9월 25일 충북 음성군 삼성면 삼성농협 대 강당에서 충청북도 도정국장 및 관계공무원, 관내 기관장 및 농협 대의원 그리고 주민 등 약 200여명이 모인 가운데 미네랄쌀 출시 설명회를 갖었다.

이번에 출시하는 미네랄쌀 출시는 쌀 수입 개방 및 정부의 추곡수매 전면폐지에 따른 농민들의 자구책의 일환으로서, 쌀의 경쟁력을 높이기 위한 기능성 쌀 시대를 앞당기는 계기가 되며, 특히 미네랄의 중요성을 국민들에게 인식시킬수 있는 좋은 기회가 될것이라고 참석자들은 입을 모았다.

이번 삼성로하스 미네랄 쌀은 삼성농협과 관내의 건강기능식품회사의 연구소(주,두루원생명공학연구소)와 공동개발로 이루어 졌다.

이번에 출시하는 '삼성로하스 미네랄쌀' 제품설명은 본 미네랄대학 운영자(송종섭)가 직접 설명하였으며, 또 당뇨를 포함한 고혈압, 아토피 등과 미네랄 부족은 무관하지 않으며, 머지않은 미래와 우리 후손을 위하여 땅 살리기 위한 객토와 유기농 농사법을 강조했다.

한국일보

남자들
"새벽이 시들하다?"
아연

남자들"새벽이 시들하다?"-아연
글쓴이 | 관리자
조회 | 939
자료출처 | 2006. 10. 02. 한국일보

나이가 들면 남성과 여성은 중성화되어 간다고 한다.
이러한 현상을 대사성 남성 갱년기라고 하는데 남성 갱년기의 가장 큰 원인이...

중소기업 대표인 M모(50세)씨는 그동안 늘 자신의 건강에 대해선 자신감을 갖고 살았다. 음주나 흡연을 자제하고, 자주는 아니지만 운동도 열심히 하고 있고, 식사도 규칙적으로 하고 있으니 의사들이 말하는 건강을 위한 최고의 생활습관을 가지고 있는 셈이었다. 그런 그에게 최근 고민이 하나 생겼다. 새벽마다 발기에 문제가 생긴 것. 새벽 발기는 남성에게 있어 아직 자신이 '남성'으로서 건재하다는 것을 보여주는 증거이기도 하다. 그런 새벽 발기에 문제가 생겼으니 이만저만 고민이 아닌 것은 당연한 일이다.

남성호르몬, 즉 테스토스테론은 남성의 성기능을 비롯한 활력, 심혈관, 근육, 기분에 이르기까지 온몸에 영향이 안 미치는 곳이 없을 정도로 남성에게는 매우 중요한 호르몬이다.

테스토스테론은 40세가 넘어서면서 서서히 감소하기 시작한다.

그런데 이보다 더 큰 이유는 체내의 여성 호르몬, 즉 에스트로겐의 레벨과 관련이 있다. 테스토스테론 수치가 정상인데도 성생활이 원만치 못하고 활력도 떨어진다면 이는 십중팔구 에스트로겐의 수치가 정상보다 높은 때문임을 알 수 있다.

나이가 들면 남성과 여성은 중성화되어 간다고 한다. 이러한 현상을 대사성 남성 갱년기라고 하는데 남성 갱년기의 가장 큰 원인이다. 아연이 많이 부족하면 뇌하수체로부터 고환에 테스토스테론을 생산토록 하는 명령 체계에 문제가 생긴다. 또 아연은 아로마타제의 레벨을 억제해 에스트로겐의 증가를 막는다. 또 테스토스테론이 체내의 아연 농도를 조절하기도 하니 아연과 테스토스테론의 결핍은 악순환을 불러온다. 이때는 아연의 보충요법이 필요하다.

메디컬투데이

여학생들 뼈 튼튼
'마그네슘' 많이
섭취 해야

인터넷검색   미네랄대학 〉 미네랄뉴스실 〉 NO82   ▼

예일대학 카펜터 박사팀이 임상 내분비학 및 신진대사지(J. of Clinical Endocrinology & Metabolism)에 발표한 연구결과 마그네슘이 뼈형성에 중요한 역할...

젊은 여학생들이 충분한 마그네슘을 섭취하는 것이 뼈를 튼튼히 하는데 도움이 되는 것으로 나타났다.

예일대학 카펜터 박사팀이 임상 내분비학 및 신진대사지(J. of Clinical Endocrinology & Metabolism)에 발표한 연구결과 마그네슘이 뼈형성에 중요한 역할을 함에도 많은 여성들이 충분한 미네랄을 섭취하지 못하는 것으로 나타났다.

연구팀은 건강한 사람에 있어서 마그네슘 보충이 뼈건강에 어떤 역할을 하는지를 알기 위해 8~14세 사이의 44명의 여학생을 대상으로 하루 300mg의 마그네슘과 위약을 1년간 섭취케 했다.

이번 연구에 참여한 여학생들은 현재 8~13세 사이의 소녀의 하루 권장량인 240mg, 14~18세 사이의 360mg 보다 적은 하루 220mg 이하의 부족한 미네랄을 섭취하고 있었다.

연구결과 마그네슘을 섭취한 여학생들이 위약을 섭취한 여성들보다 골반의 뼈밀도가 현저히 높아졌다. 이에 반해 척추뼈의 밀도는 골반뼈 밀도 증가에 비해서는 그다지 크게 증가하지 않은 것으로 나타났다. 이번 연구에서 일부 참여자에게 나타난 설사 증상을 제외하고는 마그네슘 보충에 의한 심각한 부작용은 나타나지 않았다.

연구팀은 그러나 젊은 여성들이 충분한 마그네슘을 섭취하지 않고 있고 이와 같이 미네랄이 부족한 여성의 수가 증가하고 있는 것은 사실이라고 말했다.

경향신문

초등학생
혈액 · 소변 수은농도
美의 10배

인터넷검색 미네랄대학 〉 미네랄뉴스실 〉 NO84 ▼

25일 국립환경과학원에 따르면 지난해 전국 26개 지역의 초등학생 2,000명을 조사한 결과 혈중 총 수은 농도는 평균 2.42±1.01ppb로...

우리나라 초등학생의 혈액 및 소변에서 검출된 수은농도가 미국이나 독일에 비해 최고 10배까지 높은 것으로 나타났다.

수은은 중추신경장애 등을 유발할 수 있으며, 나이가 어릴수록 영향에 취약하다.

25일 국립환경과학원에 따르면 지난해 전국 26개 지역의 초등학생 2,000명을 조사한 결과 혈중 총 수은 농도는 평균 2.42±1.01ppb로 나타났다.

이는 미국(0.34ppb), 독일(1.0ppb) 아동의 혈중농도보다 크게 높은 것이다.

조사 대상 학생의 약 1%는 독일 인체모니터링위원회(CHBM)의 위해성 기준치($5\mu g/\ell$)를, 0.5%는 미 환경보호국(EPA) 기준치인 $5.8\mu g/\ell$를 초과했다.

일부 학생은 혈중 수은농도가 17.26ppb까지 나타났다.

환경부는 그러나 평균적으로는 중국(17.6), 일본(6.6), 캐나다(어류섭취군, 4.4)에 비해서 낮은 수준이라고 밝혔다.

우리나라 초등생의 요중 수은농도는 $2.53\pm1.88\mu g/g$으로 집계돼 일본(1.06), 독일(0.7) 어린이 평균치보다 더 높았다. 환경과학원은 "조사에서 수은 노출량은 먹이사슬을 통해 전달되는 어패류 등에 의해 증가하는 경향이 강하고, 화력발전소에 의한 직접적인 영향은 없는 것으로 보인다."고 분석했다.

중앙일보

구리와 아연, 황금비율을 찾아라

현재 미네랄 치료를 실시 중인 병원은 경희대병원(내분비내과), 강남성모병원(가정의학과), 삼성제일병원(가정의학과), 분당제생병원(소화기내과), 대전 건양대병원(가정의학과)...

아연(굴에 풍부)은 부족하면 잘 자라지 않고(어린이의 경우), 면역력이 떨어져 감기에 잘 걸리며, 피부, 모발이 거칠어진다. 조금만 부딪혀도 혹이 생기고 상처의 회복이 늦어진다. 손톱에 흰 반점이 생긴다.

경희의료원 내분비내과 김성운 교수는 "가장 신경 써야 할 부분은 아연의 체내 함량 자체보다 구리와 아연의 비율"이며 "아연이 부족하면 체내 구리 함량이 높아지는 것이 문제(반대로 구리가 부족하면 아연 함량이 높아지지만 우리가 먹는 흔한 음식엔 구리가 다량 들어 있다)"라고 지적한다. 구리에 비해 아연이 부족할 때(구리, 아연의 비가 낮을 때)는 피로, 알레르기 질환(비염, 아토피 피부염 등)이 잘 생기고 암 발생 위험이 높아지는 것으로 알려져 있다. 아연의 보충은 입이 잘 마르고 맛을 잘 느끼지 못하는 사람에게 효과적이다. 상처 치유와 전립선 비대증 치료에도 도움을 준다. 잦은 혹 발생과 검버섯, 기미, 변비를 아연으로 해결한 사례도 있다.

분당제생병원 소화기내과 백현욱 교수는 "반드시 모발 미네랄 검사와 의사의 처방을 받은 뒤 자신에게 부족한 미네랄을 적정량 복용해야 한다"며 "미네랄은 체내에서 다른 미네랄과 상호 작용을 하는 만큼 양(量)보다 비(比)가 더 중요하다"고 설명한다.

효과가 뛰어난 만큼 미네랄의 안전성. 부작용을 충분히 고려해야 한다는 것이다.

현재 미네랄 치료를 실시 중인 병원은 경희대병원(내분비내과), 강남성모병원(가정의학과), 삼성제일병원(가정의학과), 분당제생병원(소화기내과), 대전 건양대병원(가정의학과), 부산 일신기독병원(내과) 등 이다.

미국유타주 mri사

높은 레벨의 마그네슘, 아연이 남성 생식기능에 작용한다

높은 레벨의 마그네슘, 아연이 남성 생식기능에 작용한다
글쓴이 | 관리자
조회 | 680
자료출처 | 미국유타주 mri사

인터넷검색 | 미네랄대학 〉 미네랄뉴스실 〉 ▼

마그네슘이 심장혈관건강에 이롭다는 것을 알고 있지만 마그네슘이 남성 성욕과 생식에 중요한 역할을 한다는 것을 모르고 있다.

필수 미네랄인 마그네슘은 몸 안에서 300개가 넘는 효소반응에 도움을 준다. 대부분의 사람들은 마그네슘이 심장 혈관 건강에 이롭다는 것을 알고 있지만 마그네슘이 남성 성욕과 생식에 중요한 역할을 한다는 것을 모르고 있다.

일반적으로 전립선은 높은 레벨의 두 가지 미네랄(마그네슘, 아연)을 포함하고 있다.

두 미네랄 모두 정액에 흘러 들어가는데 둘 중 하나만이라도 부족하면 남성 생식력에 문제를 야기시킨다.

만성 전립선에 걸린 남성들을 상대로 마그네슘과 아연 레벨의 차이점을 분석한 한 연구에 따르면 만성전립선에 걸린 남성은 마그네슘 레벨이 현저하게 낮게 나왔다고 한다.

그 연구 조사원들은 마그네슘이 전립선염에 아주 중요한 역할을 한다고 했다. 생식력이 있는 남성과 그렇지 않은 남성들의 정액의 마그네슘 레벨을 분석한 1998년도 연구에 따르면 그렇지 못한 남성의 마그네슘 레벨이 생식력이 있는 남성보다 현저하게 낮게 나왔다.

연구원들은 이 결과를 토대로 정액의 마그네슘을 분석하는 것이 전립선 기능을 평가하는데 중요한 기준이 된다고 밝혔다.

미국 국회 상원문서 264호

미네랄
부족

미네랄부족
글쓴이 | 관리자
조회 | 825
자료출처 | 미국 국회 상원문서 264호

인터넷검색　미네랄대학 〉 미네랄자료실 〉 NO2　▼

오늘날에는 완벽한 건강에 필요한 만큼의 미네랄 성분을 충분하게 공급하는 과일이나 야채를 먹을 수 있는 사람은 아무도 없다.

미네랄 관련 미 국회 상원문서 264호(개요)

오늘날 대부분의 토지에는 영양물이 고갈되어 그 땅에서 자라나는 식품들도 미네랄이 부족한 채 생산된다.

따라서 사람들은 그 생산물이 적정한 미네랄 균형을 갖추기 전까지는 위험한 영양물 결핍으로 고통 받게 될 것이다. 놀라운 사실은 수백만 에이커의 땅에서 수확되는 음식물과 과일, 야채, 곡물에는 이제 더 이상 필요한 양의 미네랄이 포함되어 있지 않아 먹는 양에 상관없이 굶주리게 한다는 것이다.

사실, 식품에 함유된 미네랄의 중요성에 관한 인식은 영양학 교과서에도 거의 기술되지 않을 만큼 새롭다. 그럼에도 불구하고 그것은 우리 모두에게 관련된 것이고, 나아가 더 놀랄만한 결과를 위해 기꺼이 연구해야 한다.

하나의 당근에 포함된 영양물에 관한한 다른 당근들과 마찬가지의 것이라고 생각하기 쉽다.

그 당근은 다른 것들과 모양과 맛은 같을 수 있지만, 다른 당근이 함유한 인체에 필요한 특정 미네랄 성분이 부족할 수도 있다.

"오늘날 자신의 위에서 필요로 하는 충분한 양의 미네랄 성분을 갖고 있는 과일과 야채를 먹을 수 있는 사람은 없다."고 한다.

요즈음 과일, 야채, 곡물, 달걀, 심지어 우유와 고기들까지 그 이전의 세대와 같지 않다는 것이 연구소의 실험에 의해 증명되었다.(우리의 조상들이 선별하여 잘 길러온 음식들이 우리를 영양학적으로 굶주리게 한다는 것이 의심의 여지없이 설명된다)

오늘날에는 완벽한 건강에 필요한 만큼의 미네랄 성분을 충분하게 공급하는 과일이나 야채를 먹을 수 있는 사람은 아무도 없다.

왜냐하면 이를 위해서는 매우 많은 양을 먹어야 하는데 사람의 위가 그것을 수용할 만큼 크지 않기 때문이다.

중요한 미네랄 중 어느 하나라도 현저히 부족하게 되면 실제로 병을 가져온다. 이제 더 이상 단지 열량이 아주 많거나 비타민 또는 녹말, 단백질, 탄수화물이 일정비율로 구성되어 있다고 해서 균형 잡힌 완벽한 자양 식품이라고 볼 수 없다.

게다가 식품에는 미네랄, 염분과 같은 것들이 포함되어야 한다는 것을 알고 있다.

관계당국에 따르면 미국 사람들의 99%가 미네랄이 부족한 상태이며, 중요한 미네랄 중 어느 하나라도 현저히 부족하게 되면 실제로 병을 가져온다는 것이다.

극히 미량이 필요한 어느 한 성분이라 할지라도 균형이 깨지거나 상당량 결핍된다면 우리를 병들게 하고 고통을 주며 생명을 단축시킨다.

"미네랄이 부족하면 비타민도 쓸모 없다."고 한다.

비타민은 영양물에 있어 필수불가결한 복잡한 화학 물질이며, 신체의 일부 중 특별한 조직이 정상적인 기능을 하기 위해서는 각각의 비타민이 매우 중요하다는 것을 알고 있다.

일부 비타민의 부족은 신체에 질병을 일으키기도 한다.

그러나 미네랄이 신체의 비타민 비율을 조절한다는 것과 미네랄의 결핍 상태에서는 비타민도 제 기능을 다하지 못한다는 것은 일반적으로 잘 모르고 있다.

비타민이 부족할 때 인체는 미네랄을 사용할 수 있지만, 미네랄이 부족하게 되면 비타민은 쓸모 없게 된다.

확실히 인체의 안녕은 칼로리나 비타민 또는 몸이 소비하는 녹말, 단백질, 탄수화물의 정확한 비율보다 신체 기관들로 흡수되는 미네랄에 더 직접적으로 좌우된다.

이 발견은 인간의 건강문제에 관한 과학에 있어 가장 새롭고 대단히 중요한 공헌 중의 하나이다.

Daum 백과사전

미네랄이란?

미네랄이란?
글쓴이 | 관리자
조회 | 944
자료출처 | Daum 백과사전

인터넷검색 미네랄대학 〉 미네랄자료실 〉 NO1 ▼

인체나 식품에 함유된 원소 중 산소 O · 탄소 C · 수소 H · 질소 N을 제외한 원소의 총칭, 미네랄(mineral)이라고도 한다.

인체나 식품에 함유된 원소 중 산소 O, 탄소 C, 수소 H, 질소 N을 제외한 원소의 총칭, 미네랄(mineral)이라고도 한다. 전에는 회분(灰分)이라고도 하였다. 인체에 함유된 원소 중 96% 정도가 앞의 4원소이며 무기질은 전체의 4%밖에 되지 않는다. 그 중 비교적 양이 많은 것은 칼슘 Ca, 인 P, 칼륨 K, 황 S, 나트륨 Na, 염소 Cl, 마그네슘 Mg이고, 기타 미량성분으로서 철 Fe, 구리 Cu, 망간 Mn, 요오드 I, 코발트 Co, 아연 Zn, 몰리브덴 Mo, 셀렌 Se, 크롬 Cr, 플루오르 F, 붕소 B, 비소 As, 주석 Sn, 규소 Si, 바나듐 V, 니켈 Ni 등이 있다.

Ca, P, Fe, Na, K 등은 영양소로서 대사, 작용, 결핍증, 과잉증 등이 규명되어 있다. 그러나 다른 많은 원소에 대해서는 불분명한 점이 아직 많다. 무기질의 기능은 각각 상호적으로 관계하고 단백질 등 다른 영양소에도 영향을 미치므로 매우 복잡하다.

일반적인 무기질 기능을 요약하면 다음과 같다.

① 체조직을 구성한다. Ca, P, Mg 등은 특히 뼈와 이의 무기성분으로 중요하다. ② 다른 성분과 결합하여 생체의 구성성분이 된다. 혈색소를 구성하는 Fe, 세포막이나 세포질을 구성하는 P · S 등이 있다. ③ 조효소로서 효소반응을 활성화한다.(Cu, Zn, Fe, I, Co, Mn, Se 등) ④ 혈액이나 체액의 분량, 삼투압이나 pH를 조절한다.(Na, K 등) ⑤ 근육이나 신경의 수축, 흥분성을 조절한다.(Na, K, Ca, Mg 등) 그 밖의 무기질도 각각 고유한 생리기능에 관계한다.

우리 인체에 필요한
대량 미네랄
7가지

우리 인체에 필요한 대량 미네랄 7가지
글쓴이 | 관리자
조회 | 744
자료출처 | Never 오픈백과

인터넷검색	미네랄대학 〉 미네랄자료실 〉 NO7 ▼

대량 원소(Macroelement) – Na, K, Ca, Mg, P, Cl, S...

체내에 많이 존재하는 미네랄을 대량 원소, 소량 존재하는 것을 미소원소라고 한다.

대량 원소(Macroelement)는 7종류가 존재한다. – Na, K, Ca, Mg, P, Cl, S

가. 나트륨 : 약 60~100g 정도 존재한다. 이 중 1/3이 뼈에 존재하고 2/3이 체액에 존재한다.

나. 칼륨 : 약 200g 정도 존재한다. 이들은 주로 세포 내에 존재하며 세포성장, 촉매 기능, 신경세포에서 중요한 역할을 담당한다.

다. 염소 : 대표적인 음이온으로 우리 몸에 넓게 분포하고 있다. 이들은 산–염기의 균형을 조절하며 체조직의 성장을 도와준다.

라. 칼슘 : 1kg 정도 존재하며 이 중 99%가 뼈와 치아에 존재한다. 나머지 1%가 혈액응고, 근수축, 신경전달물질의 분비, 소화효소 등에 관여 한다.

마. 인 : 약 85~90%의 인(약 750g)이 뼈와 치아에 존재하고 나머지 중 반이 근조직에 존재하며 그 나머지가 신체에 퍼져있다.

바. 마그네슘 : 성인은 약 30g정도를 가지고 있다. 대부분이 뼈에 존재한다. 나머지는 체액에 존재한다. 수백가지의 반응에서 촉매로 사용된다.

사. 황 : 350g 정도가 존재한다. 모든 세포의 세포질에 존재한다.

소량
미네랄

인터넷검색   미네랄대학 〉 미네랄자료실 〉 NO7   ▼

소량 원소(Macroelement) – Fe, Zn, B, I, Se, Mn, Cu,...

소량미량원소

가. 철 : 3.5g 정도가 존재하며, 이 중 70%가 적혈구에 존재한다. 나머지는 간, 이자, 골수에 저장되며 전자 전달 과정에도 참여한다.

나. 아연 : 2g 정도가 존재하고 이 중 75%가 뼈에 있고 나머지는 소화와 물질대사 효소 약 40종류에 존재하고 있다.

다. 불소(플루오르) : 치아와 뼈를 강화 시켜준다. 식수에 불소가 첨가된 경우 충치가 60% 정도 감소하였다는 보고가 있다.

라. 요오드 : 20mg정도 존재한다. 이중 반이 근조직에 존재하고 20%가 갑상선에 나머지는 신체에 퍼져 있다.

마. 셀레늄 : 이 미량원소의 기능은 비타민 E와 중복된다. 따라서 이 원소의 부족은 비타민 E로 상충될 수 있다.

바. 망간 : 약 15mg이 존재한다. 대부분이 이자, 간, 신장, 뼈에 존재한다. 결합조직, 골격의 발달에 관여하고 요소형성, 콜레스테롤 합성에 관여한다.

사. 구리 : 약 100mg정도가 존재한다. 절반 정도가 뼈와 근육에 존재한다. 적혈구세포의 형성에 필수적이며 여러 결합조직 단백질 합성에도 필수적이다.

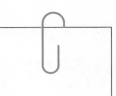

NIPPON INTEK HOLDINGS

왜?
지금 미네랄인가!

왜? 지금 미네랄인가!
글쓴이 | 관리자
조회 | 800
자료출처 | NIPPON INTEK HOLDINGS

인터넷검색 | 미네랄대학 > 미네랄자료실 > NO8 ▼

환경오염 물질 중에서 특히 문제시 되는 것이 환경 호르몬이라 불리는, 생체에 대한 내분비 교란 물질이다. 그 불균형의 시정은 부족한 미네랄의 보충 이외에는 없다고 말할 수...

왜? 지금 미네랄인가!
일상생활에서는 여러가지 위험에 노출되는데, 그 위험 인자를 들면 ① 미생물 ② 영양실조, 편식 ③ 환경오염 물질 ④ 천연 산물의 독 ⑤ 잔류 농약 ⑥ 식품 첨가물 ⑦ 의약품 ⑧ 잠재적 위험 물질 ⑨ 화장 ⑩ 뜻밖의 사고 ⑪ 스포츠 ⑫ 프리 섹스와 같은 순서이다.
한마디로 미네랄 밸런스는 여러 가지 건강의 균형을 의미한다.
알칼리성 미네랄과 산성 미네랄의 균형, 인체는 산, 염기 평형을 유지하며 영위되는 구조로 되어 있다. 이를 위해서, 인체 생명 유지의 필수 미네랄이라 불리는 일곱 가지 이온으로 그 균형을 유지하고 있다.
알칼리 이온(음이온)의 필두가 칼슘이며, 마그네슘, 칼륨, 나트륨의 네 가지, 산성 이온(양이온)이 인, 황, 염소의 세 가지로, 항상 균형이 유지되고 있는 것이다.
이 균형이 대기로부터 무너져버린 것이 현대이다.
인간이 산업을 우선시하여 배기 가스를 방출한 결과 대기는 오염되어 산성비라는 현상으로 전 세계가 고민하고 있다.
대기의 미네랄 밸런스가 무너지고, 그의 중화제인 칼슘이나 마그네슘 등의 미네랄이 계속 소모되고 있다. 환경오염 물질 중에서 특히 문제시 되는 것이 환경 호르몬이라 불리는 생체에 대한 내분비 교란 물질이다.
그 불균형의 시정은 부족한 미네랄의 보충 이외에는 없다고 말할 수 있다.

Chris D. Meletis, N.D.

이온미네랄과 콜로이드미네랄의 차이점

이온미네랄과 콜로이드 미네랄의 흡수력에 대한 의견이 분분하여 미국에서 발표된 논문자료를 번역하여 게제합니다. 참고하시기 바랍니다.

Chris D. Meletis, N.D.
미네랄은 일반적으로 두 가지 형태로 존재한다.
첫 번째는 콜로이드미네랄(COLLOIDAL MINERALS) 형태이다.
이 상태에서 미네랄은 안정적인 형태로 떠 다닌다.
이 안정적인 형태에서 미네랄은 치우침 없이 가운데를 중심으로 골고루 분포 되어진다.
콜로이드상태에서 미네랄은 크고 조직화된 형태 안에 수용 되어지는데, 이렇게 됨으로써, 미네랄은 고착됨 없이 자유로운 상태로 남아 있다.
콜로이드미네랄은 다른 미네랄의 형태와는 달리, 상대적으로 크기가 크고 전하를 띠지 않음으로 인해 쉽게 흡수 되지 않는다.
콜로이드 배열은 소화기관을 연결하는 생체막을 통과할 수 없다. "콜로이드 형태의 미네랄이 인체에 더욱 쉽게 소화된다"는 논쟁도 있다. 하지만 이러한 이론은 설득력이 없다.
사실상, 이 상태의 미네랄을 흡수하기 위해서 신체는 미네랄을 좀더 작은 상태로 분해해야만 한다.
콜로이드미네랄 제조업자들은 이러한 콜로이드에서 추출한 미네랄보충제가 다른 미네랄보다 미네랄밸런스가 잘 잡혀있고, 인체가 사용하기 편한 자연상태라고 주장한다.
미국의 FDA(Food and Drug Administration)와 ADA(American Dietetic Association)에 따르면, 이러한 주장을 뒷받침할 만한 아무런 과학적 증거도 없다. 판매되고 있는 콜로이드 미네랄은 점토나 부식질의 혈암침전물(humic shale deposits)에서 추출되어진다.

콜로이드 미네랄에 대한 상업적인 주장이 수없이 넘쳐나지만, 이러한 상품을 뒷받침하고 신뢰할 만한 어떠한 의학적 증거도 없다.

반면에, 이온미네랄(IONIC MINERALS)은 인체 소화기관의 분리도가 높은 세포막을 통하여 쉽게 전달 되어 진다.

이온미네랄은 전하를 띠고 있기 때문에, 신체가 미네랄을 흡수하기가 매우 용이하다.

콜로이드 미네랄이 장내 세포막을 통과하기 위해서는 좀 더 작게 분쇄 돼야 하고, 전하를 띠어야 한다.

이러한 전기적인 변화도는 이온미네랄이고 농축된 장소(대장)에서 덜 농축된 장소(몸의 세포)로 쉽게 유입되도록 돕는다.

인체는 소화과정을 통해 이온을 충전함으로써, 이 과정에 도움을 준다.

콜로이드 미네랄은 더 작은 하전입자로 소화되기 위한 모든 과정을 거쳐야 하기 때문에, 인체는 이온미네랄을 콜로이드미네랄에 비하여 훨씬 효율적으로 흡수한다.

콜로이드미네랄이 이러한 모든 소화과정을 마쳤다고 하더라도, 인체가 섭취한 모든 음식을 이용하지 못하는 것처럼, 콜로이드미네랄의 전량을 다 이용하지는 못한다.

이온상태(IONIC STATES)

이온미네랄은 (+)또는 (-)의 본래의 전하를 띤 원자나 원자의 집합으로 구성되어 있다.

이 전하는 전자를 잃어버렸거나, 추가적인 전자를 소유했기 때문에 원자를 둘러싸고 있다. 이러한 충전은 인체의 전체 이온의 농축을 지속하는데 중요한, 중성 전기부하를 생성하는 끊임없는 과정 속에서, 다른 이온이 전자를 주거나 또는 빼앗거나 하는 과정에서 상호 이온을 끌어들이거나, 축출하거나 하는 작용을 하게한다. 원자형태의 다양한 미네랄들은 이온복합체를 형성하기 위해 다른 미네랄과 결합한다.

Alexander G. Schauss,
Ph.D American Institute for Biosocial Research.

클로라이드(염화물)와 클로라인(염소)의 차이점

클로라이드(염화물)와 클로라인(염소)의 차이점
글쓴이 | 관리자
조회 | 705
자료출처 | Alexander G. Schauss, Ph.D American Institute for Biosocial Research.

**클로라이드(염화물)와 클로라인(염소)와 혼돈된다.
어떤 차이가 있는가?**

Alexander G. Schauss, Ph.D American Institute for Biosocial Research.
클로라이드(염화물Cl)는 자연속에서 풍부히 발견되고, 자연적으로 발생되는 원소이다.
예를 들면 바다의 클로라이드 평균 농축도는 18.98% 이다.
사실 바다에서 가장 풍부한 음이온이며, 바다에서 발견되는 음이온의 약 90%를 차지하고 있다.
양이온인 나트륨(Na)과 결합하여 생명의 물질인 염화나트륨(NaCl), 염화마그네슘(MgCl)등을
만드는 생명의 음이온 원소이다.
생명의 음이온 원소인 클로라이드(염화물Cl)은 어디에서 온 것인가?
이에 대한 답은 화산활동이다. 화산으로부터 분출되는 주요 성분은 염화수소이다.
지구 역사의 처음 25억년 동안 엄청난 양의 염화수소가 방출되었다.
풍부한 양의 클로라이드가 바다에서 발견된다.
수백만년 전에 염화수소가 바다로 녹아 들었다.
사실 요즈음 바다의 거의 모든 클로라이드는 이 원시적인 소스로부터 왔다.
이러한 지질학적 힘이 바다에서 발견되는 클로라이드의 원천적인 소스가 된다.
그러나 클로라인(염소)은 주로 지구의 표피에서 발견되며, 지표의 약 0.045%를 차지하고 있다.
공공 식용수(수도물)를 소독하기 위해 사용되는 클로라인은 물속의 공해물질과 결합하여 상당
한 독성 화합물로 변할 수 있어서 공공 위생에 의문을 제기하기도 하는 물질이다.

영국, David Thomas 박사

미네랄 보충의
필요성

미네랄보충의 필요성
글쓴이 | 관리자
조회 | 934
자료출처 | A Case for the Need for Mineral Supplementation
David Thomas D.C.
Cranio-View May 2000

인터넷검색　미네랄대학 〉 미네랄자료실 〉 NO76　▼

모든 필요한 원소, 미량원소들의 정확한 양과 비율의 결합이 없이는 우리의 내부 정보가 최적으로 움직일 수 없다고 생각하고...

지질학을 공부한 본인은 미네랄과 미량원소가 우리 몸을 구성하는 근본 구축물이기 때문에, 개인적으로 미네랄의 보충을 항상 선호하였다.
사실 모든 생명체는 지구상의 물질의 합성체로 '생명력' 이 첨가된 것이기 때문이다.
모든 필요한 원소, 미량원소들의 정확한 양과 비율의 결합이 없이는 우리의 내부 정보가 최적으로 움직일 수 없다고 생각하고 있다.
만일 신체가 보충하고 적응할 수 없을 정도의 부족증이 오면 증세가 나타난다.
본인이 미네랄 보충법을 처음 이용한 것은 블랙모어의 미네랄 Celloid 치료법을 이용하면서 부터이다.
이 방법은 슈스럴 박사의 가정, 즉 모든 질병은 "미네랄 부족증의 결과이다" 에 근거한 유사 조직의 컨셉이다. 그 이후 본인은 Beres Drops Plus라는 액상 미량 원소 상품을 접하게 되었다. 이 상품은 헝가리의 바이오 화학자인 Beres 박사에 의해서 개발되었다.
그는 헝가리 정부로부터 헝가리의 특정지역의 감자수확이 왜 지속적으로 줄어드는가에 대한 연구 의뢰를 받았었다.
Beres 박사의 결론은 많은 정원사들이 주장한 것과 같은, 수확의 성패는 땅의 건강상태에 달려 있다 라는 것이었다.
그 해당되는 토지에는 아주 필수적인 미량의 원소가 결핍되었다는 것을 발견했다.
그것을 교정하자 다시 건강한 수확물이 자랐다.

주목 받는
해양 미네랄

주목 받는 해양 미네랄
글쓴이 | 관리자
조회 | 778
자료출처 | 서적명 : 海洋深層水の美肌パワ
저자 : 黒瀬くにお

인터넷검색   미네랄대학 〉 미네랄자료실 〉 NO3   ▼

미네랄 중에서 나트륨(Na), 칼륨(K), 칼슘(Ca), 마그네슘(Mg), 염소(Cl), 인(P)의 6종류가 인체에 비교적 많은 양이 보여 지므로 이를 '다량원소', '마크로(거시적)원소' 라 불리고...

인체를 구성하는 세포는 해수에 떠 있다.

우리의 몸에는 약 60조에 달하는 세포로 구성되어 있다.

하나하나의 세포는 충분한 물을 포함하고 있고 그 물을 '세포내 액' 이라 부른다.

세포의 주위도 많은 양의 물로 둘러싸여 있으며, 그 물은 혈액이나 임파액 등과 더불어 세포외액이라 부른다.

아미노산이나 당이나 비타민이나 그 대부분이 탄소(C), 수소(H), 산소(O), 질소(N)로 단순한 4종류의 원소의 조합으로 이루어져 있다.

우리들의 몸을 구성하고 있는 세포도 분자의 레벨로 본다면, 원소의 집합체이다.

그 원소는 50종에 달하고 있으나, 미네랄이 탄소, 수소, 산소, 질소의 4종류를 제외한 대부분을 차지하고 있다.

미네랄 중에서 나트륨(Na), 칼륨(K), 칼슘(Ca), 마그네슘(Mg), 염소(Cl), 인(P)의 6종류가 인체에 비교적 많은 양이 보여지므로 이를 '다량원소', '마크로(거시적)원소' 라 불리고 있다.

미네랄을 물에 용해시키면 플러스나 마이너스의 전기를 띠는 성질이 있다.

이처럼 전기를 띠는 것을 '이온' 또는 '전해질' 이라고 부른다.

물에 많은 양의 이온이 녹아있는 전형적인 예가 해수로서 1Kg의 해수에는 35g에 달하는 이온을 함유하고 있다.

해양 미네랄로 시작하는
아름다운 피부 만들기

해양 미네랄로 시작하는 아름다운 피부 만들기
글쓴이 | 관리자
조회 | 715
자료출처 | 서적명 : 海洋深層水の美肌パワ
저자 : 黒瀬くにお

인터넷검색 | 미네랄대학 〉 미네랄자료실 〉 NO4 ▼

기저세포가 모양을 바꿔가면서 밀어 올려져 각질세포가 되기까지의 이 과정에 관여하는 미네랄이 칼슘과 마그네슘이다.

여성 1,000명을 대상으로 어느 화장품회사에서 조사한 "당신의 피부에 대한 고민은 무엇입니까?"란 질문에 "피부의 까칠함과 건조증"을 호소한 여성들이 10여년이 지난 지금에 20%에서 50%로 급증하고 있다. 피부는 표피와 진피, 피하조직의 3층으로 되어있으며, 여기서 피부의 수분을 유지시켜 주고, 피부가 생기 있게 하기 위해서는 무엇보다도 가장 바깥에 있는 표피의 역할이 크다. 이 장에서는 표피의 역할을 강화시켜주는 해양미네랄의 효과에 주목해 보기로 하겠다.

표피는 4주면 새로운 세포로 재생된다. 표피는 그 두께가 0.2밀리 이하로 그중 두껍다고 생각되는 발 뒷굽치의 경우라도 0.6밀리밖에 되지 않고, 이를 자세히 살펴보면 5층으로 되어있다.

안쪽에서부터 살펴보면, 기저층, 유극층, 과립층, 투명층, 각질층 등 5층으로 구분되어지며, 각각의 층은 서로 다른 특징을 지닌 세포로 이루어져 있다. 이중에서 투명층은 손바닥이나 발바닥에서만 볼 수 있는 것으로, 기저층, 유극층, 과립층, 각질층 이 네 가지만 알고 있어도 괜찮다고 하겠다. 기저층에는 표피의 모든 세포의 근본이 되는 기저세포로 이루어져 있다.

이 기저세포가 2개로 분열하여, 모세포(늙은 세포)는 자세포(새로운 세포)에 의하여 밀어 올려져 유극세포라고 불리는 가시가 있는 세포로 변화한다. 유극세포는 더 밀어 올려져 과립세포로 변화하고 결국은 죽어 세포핵이 없는 각질세포가 되어 각질층이 형성된다.

각질층은 죽은 세포가 20~30층으로 쌓여 형성된 층이다. 기저세포가 모양을 바꿔가면서 밀어 올려져 각질세포가 되기까지의 이 과정에 관여하는 미네랄이 칼슘과 마그네슘이다.

海洋深層水の美肌パワ

아토피의 걱정도
해양 미네랄로 해결

아토피의 걱정도 해양 미네랄로 해결
글쓴이 | 관리자
조회 | 672
자료출처 | 서적명 : 海洋深層水の美肌パワ
저자 : 黒瀬くにお

민간요법이 아니라 대학병원 등에서 해양 미네랄을 사용하여 그 효과를 인정받고 있는 것이다.

아토피성 피부염은 과거 사춘기를 지나면서 자연스럽게 치료가 되는 병으로 알려져 있으나 최근에는 성인이 되었어도 잘 치료되지 않는 난치병성의 경우가 늘어가고 있다.

해양미네랄은 이런 난치성 피부염에 탁월한 효과가 있다고 알려져 있다.

이 효과는 그냥 민간요법이 아니라 대학병원 등에서 해양 미네랄을 사용하여 그 효과를 인정받고 있는 것이다.

해수가 아토피성 피부염을 개선한다는 것은 이전부터 알려져 있으며, 국립소아병원의 알러지과에서는 타라소테라피를 치료의 한 방법으로 이용하고 있다. 이것에 따르면, 환자는 해변의 시설에서 숙박하면서, 바다에서 수영을 하거나, 모래사장에서 놀게 한다.

강한 햇빛에 심하게 노출이 되면, 유해한 자외선의 작용으로 피부의 염증이 심해질 우려가 있으므로, 해수욕은 주치의의 감독하에 행하며, 오전 중 1시간, 오후 1시간 30분 정도로 한다. 바닷물에서 나온 다음은 그늘에서 몸을 쉬고, 샤워하여 몸의 염분을 씻어주며 연고 등을 바른다. 이것을 1주일 정도 계속하면, 가려움 등의 증상이 가벼워지고, 그 효과는 몇 개월간 지속된다고 한다.

타라소테라피가 왜 아토피증상을 개선했을까는 해수미네랄에 의한 살균효과를 생각해 볼 수 있다.

마그네슘
풍부하게 섭취하면
심장병환자 적다

마그네슘 풍부하게 섭취하면 심장병환자 적다
글쓴이 | 관리자
조회 | 593
자료출처 | 서적명 : 海洋深層水の美肌パワ
저자 : 黑瀬くにお

인터넷검색   미네랄대학 〉 미네랄자료실 〉 NO6   ▼

심장은 그 자체가 근육덩어리로서 마그네슘의 부족은 치명적이다. 실제로, 심근경색의 전초라고 불리는 협심증의 발작은 마그네슘의...

마그네슘을 풍족하게 섭취하는 나라는 심장병 환자가 적다.

뇌졸중에 의한 사망률이 일본의 오끼나와에서 아주 적게 나타나는 이유는 칼슘과 마그네슘을 풍부하게 함유하고 있는 물에 있다고 1장에서 설명하였다. 미국에서는 심장병과 물의 관계에 같은 조사가 있다.

미국 각주에 물의 경도와 심장병에 의한 사망률을 조사해, 그 관계를 분석한 결과, 칼슘과 마그네슘을 많이 함유하는 물을 마시는 주(州) 일수록 심장병에 의한 사망률이 적은 것이 증명 되었다. 구미의 많은 나라에서는 심장병이 사망률 1위로 지목되고 있고, 이것은 주목을 끌만한 결과이다.

연구자의 관심은 이후에, 칼슘과 마그네슘을 많이 섭취하는 것 만으로가 아닌 어떤 비율로 섭취하는 것이 심장병을 방지할 수 있을까 하는 점으로 바뀌어, 각국의 식사에서 칼슘과 마그네슘 양의 비율과 심장병과의 관계가 조사대상이 되었다.

그 결과, 칼슘과 마그네슘의 비율을 조사한 결과 그 수치가 높은 필란드, 미국, 네델란드에서는 심장병 사망률이 높고, 그 비율이 낮아 마그네슘을 상대적으로 많이 섭취하는 나라일수록 심장병 사망률이 낮다고 조사 되었다. 마그네슘 부족이 혈관의 노화를 촉진한다.

마그네슘은 근육의 수축과 이완을 조절하는 미네랄이다. 특히 심장은 그 자체가 근육 덩어리로서 마그네슘의 부족은 치명적이다. 실제로, 심근경색의 전초라고 불리는 협심증의 발작은 마그네슘의 투여로 완화 될 수도 있어 그 의의가 의학적으로도 재조명 되고 있다.

아연을
섹스미네랄이라고
부르는 이유?

아연을 섹스미네랄이라고 부르는 이유?
글쓴이 | 관리자
조회 | 875
자료출처 | 야후 묻고답하기

인터넷검색 | 미네랄대학 〉 미네랄자료실 〉 NO9 ▼

중년 이후의 남성에게서 자주 볼 수 있는 전립선비대증의 전립선을 조사해 본 결과 아연이 줄어들었다는 사실이 나와있다.

정력감퇴의 원인은 노화, 과로, 스트레스, 비만 등을 들 수 있으나 미국에서는 미네랄의 일종인 아연부족을 큰 원인으로 지적하고 있다.

미국에서는 실제로 아연이 임포텐츠 등의 성기능 부전의 치료에서도 사용되고 있다.

미국에서 아주 흥미로운 실험을 실시한 결과 아연이 정자수와 정액의 농도와 관련이 있으며, 남성호르몬의 일종인 테스토스테론도 아연을 보급함으로써 정상량으로 돌아간다는 보고가 있다.

이러한 정액이나 정자가 만들어지고 있는 곳이 바로 전립선이다.

우리들 몸엔 약 60조의 세포가 있는데, 그 속에 아연이 함유돼 있다.

체내에서 가장 아연이 많은 곳이 바로 이 전립선이다.

결국 아연 없이는 정자를 만들어 낼 수 없다는 뜻이다.

중년 이후의 남성에게서 자주 볼 수 있는 전립선비대증의 전립선을 조사해 본 결과 아연이 줄어들었다는 사실이 나와있다.

결국 아연이 부족하면 전립선도 비대해지는 것이다.

이러한 경우에 치료를 위해 아연이 사용된다.

아연의 부족은 노화에 의해 생긴 것으로 아연을 위시한 여러 영양소를 흡수하는 힘이 쇠퇴했기 때문이라고 볼 수 있다.

아연,
전립선비대증 예방 및
남성생식에 중요한 역할

아연, 전립선비대증 예방 및 남성생식에 중요한 역할
글쓴이 | 관리자
조회 | 657
자료출처 | 미국유타주 mri사

인터넷검색 　미네랄대학 〉 미네랄자료실 〉 NO13 　▼

61명의 만성 박테리아 성 전립선염환자들을 상대로 한 연구에서, 항생제와 같이 아연 보충제를 받은 39명이 항생제만 받은 남성들보다 더 많이 개선되었다.

아연은 남성에게 중요한 트레이스 미네랄이다.
전립선과 정액은 아연을 아주 많이 함유하고 있고 낮은 레벨의 아연과 마그네슘은 남성 비 생식력과 깊게 연관되어 있다.
게다가 전립선염이 있는 남성들은 낮은 레벨의 전립선 액 아연을 가지고 있는데 낮은 아연 레벨이 전립선을 야기시키는지, 아니면 전립선 감염이 낮은 아연 레벨을 야기시키는지는 아직 확실치 않다.
한 조사는 아연, 그리고 전립선 건강의 흥미로운 관계를 밝혀냈다.
알맞은 아연 레벨은 전립선 비대증을 예방해주고, 또한 비대해진 전립선을 수축시켜주는데 도움을 준다고 한다.
아연은 만성 박테리아 성 전립선염을 더욱 좋게 한다.
61명의 만성 박테리아 성 전립선염환자들을 상대로 한 연구에서, 항생제와 같이 아연 보충제를 받은 39명이 항생제만 받은 남성들보다 더 많이 개선되었다.

아연, 마그네슘, 칼슘, 붕소
전립선염, 전립선암 예방

아연, 마그네슘, 칼슘, 붕소 – 전립선염, 전립선암 예방
글쓴이 | 관리자
조회 | 687
자료출처 | 미국유타주 mri사

인터넷검색 미네랄대학 〉 미네랄자료실 〉 NO1 ▼

전립선염에 걸린 남성의 아연, 마그네슘, 칼슘의 상태를 분석한 한 연구에 따르면 그 남성들은 현저하게 다른 칼슘상태를...

칼슘은 전립선 암을 예방하는 필수적인 매크로 미네랄이다.
전립선염에 걸린 남성의 아연, 마그네슘, 칼슘의 상태를 분석한 한 연구에 따르면 그 남성들은 현저하게 다른 칼슘상태를 가지고 있다고 한다. 또 다른 연구는 생수에 들어있는 낮은 레벨의 칼슘과 마그네슘이 전립선 암 발달에 안 좋은 영향을 미친다고 한다.
붕소는 인간 스테로이드 호르몬 레벨에 영향을 미친다고 알려져 있다. UCLA(!!!)에서 행해진 한 연구조사에 따르면 붕소를 많이 섭취한 남성들이 전립선 암에 걸릴 확률이 낮다고 한다.

높은 레벨의
마그네슘, 아연이
남성 생식기능에 작용한다

높은 레벨의 마그네슘, 아연이 남성 생식기능에 작용한다
글쓴이 | 관리자
조회 | 680
자료출처 | 미국유타주 mri사

인터넷검색 | 미네랄대학 〉 미네랄자료실 〉 NO12 　　　　　▼ |

마그네슘이 심장혈관건강에 이롭다는 것을 알고 있지만 마그네슘이 남성 성욕과 생식에 중요한 역할을 한다는 것을 모르고 있다.

필수 미네랄인 마그네슘은 몸 안에서 300개가 넘는 효소반응에 도움을 준다. 대부분의 사람들은 마그네슘이 심장 혈관 건강에 이롭다는 것을 알고 있지만 마그네슘이 남성 성욕과 생식에 중요한 역할을 한다는 것을 모르고 있다.

일반적으로 전립선은 높은 레벨의 두 가지 미네랄(마그네슘, 아연)을 포함하고 있다.

두 미네랄 모두 정액에 흘러 들어가는데 둘 중 하나만이라도 부족하면 남성 생식력에 문제를 야기시킨다.

만성 전립선에 걸린 남성들을 상대로 마그네슘과 아연 레벨의 차이점을 분석한 한 연구에 따르면 만성전립선에 걸린 남성은 마그네슘 레벨이 현저하게 낮게 나왔다고 한다.

그 연구 조사원들은 마그네슘이 전립선염에 아주 중요한 역할을 한다고 했다. 생식력이 있는 남성과 그렇지 않은 남성들의 정액의 마그네슘 레벨을 분석한 1998년도 연구에 따르면 그렇지 못한 남성의 마그네슘 레벨이 생식력이 있는 남성보다 현저하게 낮게 나왔다.

연구원들은 이 결과를 토대로 정액의 마그네슘을 분석하는 것이 전립선 기능을 평가하는데 중요한 기준이 된다고 밝혔다.

제 4 장

체

험

실

본란에 게재된 체험사례는 객관적인 검증을 거치지 않은 개인의 주관적인 체험사례입니다.

미네랄로
간경화 완치했다

인터넷검색 미네랄대학 〉 미네랄체험기 〉 NO9 ▼

저는 "이건 뭔가 있다"고 생각을 했고, 열심히 먹었다. 평소에 해오던 간 크리닉을 병행하면서 2L생수에 30방울을 희석하여 하루 한 병을 먹었다.

18년 전 초등학교 교직생활을 하던 중 42세 때 만성간염이라는 병원의 통보를 받고 18년이라는 긴 세월 동안 간과의 투병생활이 시작되었다.

우선 얼굴이 검어지니까 나들이가 싫어졌다. 만성간염은 간경화로 이어졌고, 몸 전신이 움직이는 병원이 되었다. 잇몸이 솟는가 하면, 한쪽은 산부인과 병에 시달렸다.

희망이 없었다. 건강 공부를 했다. 건강관리사 자격증도 땄다. 해볼 수 있는 것은 다 해봤다.

살고 싶었다. 그러던 중에 미네랄을 만났다.

늘 그래왔듯이 별 기대 없이 먹어보았다. 그런데 처음 먹는 날 소변이 평소보다 2배 이상 나왔다.

저는 "이건 뭔가 있다"고 생각을 했고, 열심히 먹었다.

평소에 해오던 간 크리닉을 병행하면서 2L생수에 30방울을 희석하여 하루 한 병을 먹었다.

소변량은 1달이 다 지날 때까지 많이 나왔고, 느끼는 기분이 달라졌다.

1개월, 2개월, 3개월, 5개월, 6개월이 지나면서 확실히 달라졌다.

지금은 완치라고 병원에서 말할 정도로 좋아졌다.

얼굴에 죽음의 검은 그림자는 거의 다 사라졌고, 지금은 눈 주변만 지난 전쟁터의 상처처럼 조금 남아있을 뿐이다.

현재 '죽음으로 부터의 탈출'의 수기를 저술하고 있으며, 간으로부터 고통받는 분들을 위해 봉사하는 마음으로 제2의 인생을 살고 싶다.

(윤경자, 여자, 59세, 광주시 동구)

간(肝) 질환인
여성의 경우

인터넷검색　　미네랄대학 〉 미네랄체험기 〉 NO10 　　▼

율산식의 식사요법에 미네랄을 첨가하여 섭취하였다. 피곤함이 없어지고 1개월 후 검진결과 수치가 정상으로 회복되었다.

약 복용을 기피하여, 엽록소, 칼슘, 레몬을 조합한 일본의 율산식(栗山式)식사요법으로 개선할 생각이었다.

그러나 별 효과가 없었다.

율산식의 식사요법에 미네랄을 첨가하여 섭취하였다.

매일 식사와 함께 1일 3회 섭취, 바로 효과가 나타났다.

피곤함이 없어지고 1개월 후 검진결과 수치가 정상으로 회복되었다.

(일본)

간암!
지푸라기 잡는
심정으로 미네랄

인터넷검색　　미네랄대학 〉 미네랄체험기 〉 NO53 ▼

얼마전에 병원에서 주치의 선생님이 병원에 정기 검진만 다니고, 모든 약은 중단해도 된다는 즐거운 소식을 안겨 주었습니다.

2003년 건강검진에서 간수치가 너무 올라 있다고하며, 이런 경우는 간경화나 간암에서 볼 수 있는 수치라며 정밀 CT를 찍어 보자고 하여 촬영에 임했지요.

결과는 간암 2기(2~3cm) 정도의 종양이 발견되었답니다. 즉시 입원하여 수술 전단계로 심폐 기능 테스트부터 1주일 정도 정밀 검사를 하였고, 수술을 견딜만한 충분한 체력의 소유자라 하여 외과로 옮겨 수술을 하였습니다.

막상 수술전에는 조그마한 암덩어리를 떼어낸다 생각했는데, 수술실로 들어간 후 주치의가 손에 들고 나온 것은 암덩어리와 간경화 덩어리가 제법 커보였다고, 아내는 말하더군요. 그리고 2~3시간 후 또 다른 경화 덩어리를 들고 나오길래 거의 실신 단계였는데, 무사히 12시간의 수술을 마치고 중환자실로 옮겨지고, 3주 후 퇴원은 했지만, 복수가 차고, 폐에 물이 고이고 하여 흉부외과에 별도로 물을 빼내고 알부민을 맞고 거의 병원을 1주일에 3~4일 다녀야 했답니다.

체중 74kg이 수술 후 1년이 지나면서 60kg에서 58kg가지 빠졌지요.

그러던 어느날 지푸라기라도 잡고 싶은 심정으로 미네랄을 먹기 시작했지요.

영양제와 상황버섯 등 여러가지를 먹었지만 효과는 생각과 같지 않았지만 미네랄을 장복하면서 얼마전에 병원에서 주치의 선생님이 병원에 정기 검진만 다니고 모든 약은 중단해도 된다는 즐거운 소식을 안겨 주었습니다.

많은 사람에게 도움이 되시길 바랍니다.

(왕대봉)

혈당 300에서 130으로

혈당 300에서 130으로
글쓴이 | 유경화
조회 | 608
자료출처 | 미네랄 대학

인터넷검색 | 미네랄대학 〉 미네랄체험기 〉 NO4 ▼

저 혼자 불편한 것은 어쩔 수 없지만 온 가족들이 나 때문에 외식 한번 제대로 못합니다.
그리고 합병증 사례를 볼 때마다...

오래전에 당뇨라는 사실을 알고 당뇨와 함께 살아가는 주부입니다.
불편한게 한 둘이 아닙니다.
저 혼자 불편한 것은 어쩔 수 없지만 온 가족들이 나 때문에 외식 한번 제대로 못합니다.
그리고 합병증 사례를 볼 때마다 무섭기도 하고 섬뜩 섬뜩합니다.
상처가 나면 잘 아물지를 않습니다.
미네랄을 소개 받았습니다.
공부를 했습니다.
어느 책에선가 "당뇨병은 미네랄 부족 병이다." 라는 책을 읽었습니다.
"태우는 영양소인 미네랄 부족 병이다." 라는 이야기 들고 열심히 먹었습니다.
먹은지 1주일도 안되어서 피로감이 사라졌습니다.
15일째 수족 저림이 감소되었고, 시력이 좋아졌으며 컨디션이 매우 좋아졌습니다.
미네랄 요법을 시작한지 4개월 만에 혈당300수치가 130으로 떨어졌습니다.
저는 당뇨로 고통 받는 수많은 사람들에게 당뇨에 최고 좋은 것은 미네랄 이라고 자신 있게 말하고 싶습니다.

(유경화, 여자, 44세, 부산 동래구)

하루 30방울로 혈당수치 현저하게 떨어져

인터넷검색 | 미네랄대학 〉 미네랄체험기 〉 NO5 ▼

우연히 이온 미네랄을 알게 된 것은 큰 행운이었다. 이온 미네랄을 물에 희석해 하루 30방울씩 먹기도 하고, 종기 난 부위에 바르기도 했다.

나는 혈당과 당뇨가 높아서 장기간 인슐린을 복용했다.
그러나 혈당은 좀처럼 떨어지지 않고 상처가 나면 잘 낫지도 않고 종기가 생기곤 했다.
아직도 일을 많이 할 나이에 몸을 움츠리게 되고 늘 자신감을 상실했다.
그러다 우연히 이온 미네랄을 알게 된 것은 큰 행운이었다.
이온 미네랄을 물에 희석해 하루 30방울씩 먹기도 하고, 종기 난 부위에 바르기도 했다.
전과는 달리 혈당수치가 현저히 떨어졌으며, 상처도 쉽게 아무는 것이었다. 지금도 양을 줄이지 않고 이온 미네랄을 복용하고 있다.
(박영순, 여자, 41세, 부산 부산진구)

당뇨병 합병증상까지 말끔해져

인터넷검색   미네랄대학 〉 미네랄체험기 〉 NO6   ▼

나는 당뇨병을 앓은지 이미 20여 년이 됐다.
당뇨병이 오래되다 보니 합병증 증상이...

나는 당뇨병을 앓은지 이미 20여 년이 됐다.
당뇨병이 오래되다 보니 합병증 증상이 나타났다.
백내장으로 사물이 불분명해 보이고, 동맥경화로 심장병이 생겼다.
심전도 검사를 하니 팔 아래 심장근육에 피가 결핍된 것으로 나타났다.
왼쪽 가슴에 통증이 있고, 겨울에는 병이 깊어져 문 밖에 나가기도 힘들었다. 당뇨수치가 점차 올라가면서 체력이 떨어지고 날이 갈수록 몸이 야위어 갔다. 수시로 고혈압 약까지 복용했으나 좀처럼 호전되질 않았다.
그런데 이온 미네랄을 매일 30~40방울씩을 복용하자 전신에 기력이 돌아온게 느껴졌다.
당뇨도 현저하게 좋아져 양성을 나타낼 때도 있으며, 눈도 좋아지고, 심전도도 예전보다 좋아진 것으로 나왔다.
지금은 외출하여 산책을 할 수 있게 되었다.
지금은 양을 많이 줄여서 이온 미네랄을 복용하고 있다.

(로중양, 남자, 61세, 중국)

미네랄로
당뇨약 7가지를
3가지로

미네랄로 당뇨약 7가지를 3가지로
글쓴이 | 백종현
조회 | 900
자료출처 | 미네랄 대학

| 인터넷검색 | 미네랄대학 〉 미네랄체험기 〉 NO72 | ▼ |

먹기 시작할때 식전혈당 180/식후혈당 300 이었는데 지금은 식전 103으로 정상이 되었습니다.

저는 서울시 성동구 행당동에 사는 백종현이라는 사람이올시다. 올해 나이 70살이고, 제 전화번호는 010-2309-5789입니다. 혹시나 나와 같은 분이 계시면 꼭 해보세요. 고생들하지 말고요. 나는 정확히 2008년 2월 10일부터 미네랄을 먹기 시작 했습니다.

같이 먹은 것은 같은 회사 스피루리나를 먹기 시작했습니다.

미네랄은 하루 60방울을 먹었고, 스피루리나는 하루 30알을 먹기 시작했습니다.

나의 병은

1) 당뇨합병증입니다. 먹기 시작할때 식전혈당 180/식후혈당 300 이었는데 지금은 식전 103으로 정상이 되었습니다.

2) 눈압이 높아서, 눈 혈관 파열로 수술을 하여 눈이 매우 침침하고 매우 피로했는데 미네랄을 먹은 후 지금은 침침하지 않고, 피로가 없어졌습니다.

3) 발저림이 심했는데 지금은 거의 없습니다.

약을 7가지를 먹었었는데 지금은 4가지가 빠졌습니다.

빠진 약은 1.위장보호제 2.혈액순환제 3.아스피린 4.신장약이 빠졌습니다.

지금도 먹고 있는 약은

1) 당뇨약 : 아침저녁 2알에서 1알로 줄었습니다.

2) 혈압약(원래 80/150이였는데~현재 75/135입니다.)

3) 피를 묽게하는 약입니다.

제 말이 믿어지시면 꼭 한번 해 보세요. 궁금하면 저에게 전화해도 좋습니다.

고혈압 180에서
1달 만에 정상
됐어요

고혈압 180에서 1달 만에 정상 됐어요
글쓴이 | 임학례
조회 | 618
자료출처 | 미네랄 대학

인터넷검색 　　미네랄대학 〉 미네랄체험기 〉 NO1 ▼

그 동안 머리가 늘 무겁고 조금씩 기분 나쁘게 아프며, 늘 개운칠 못했었는데 고혈압인줄 몰랐습니다.

저는 직장여성입니다.
2003년 11월 회사에서 실시하는 신체검사도중 "혈압이 높다."(180~130)는 판정을 받았습니다. 가슴이 철렁했습니다.
그 동안 머리가 늘 무겁고 조금씩 기분 나쁘게 아프며, 늘 개운칠 못했었는데 고혈압인줄 몰랐습니다.
그 이후 식이요법을 하면서 1주일에 한번씩 병원에 가서 혈압체크를 하고 병원에서 주는 약을 먹었습니다.
그러던 중 2000년 5월 초에 직장동료가 준 미네랄제품을 하루에 30방울을 물에 타서 먹기 시작했는데, 먹은 당일 날 소변이 평소의 2배정도 늘어나면서 직장 일에 지장을 줄 정도로 화장실을 왔다 갔다 했으며, 며칠 후 머리가 개운하고 아프지 않았습니다.
미네랄을 먹기 시작한지 꼭 1개월 만에 병원에 가서 혈압체크를 해보았습니다.
병원 의사님이 "어쩐 일입니까? 혈압이 정상입니다. 관리를 참 잘하셨습니다" 라는 이야기를 하셨고, 지금(약4개월 미네랄 섭취 중)도 혈압은 정상입니다.
또 하나 혈압과 함께 개선된 것이 체중입니다.
체중은 밝히지 않겠지만 6kg이 줄었습니다. 저는 지금 미네랄 덕분에 몸도 마음도 가볍습니다.
(임학례, 여자, 52세, 경기 이천)

고혈압,
손발 떨리는
현상이

고혈압, 손발 떨리는 현상이
글쓴이 | 이인형
조회 | 606
자료출처 | 미네랄 대학

인터넷검색 | 미네랄대학 〉 미네랄체험기 〉 NO2 ▼

고혈압뿐만 아니라, 자주 손발이 떨리는 현상이 일어났으며, 그러다 보니 늘 피곤한 상태가 되었다. 그런데 동생의 소개로...

나는 혈압이 높아서 오랫동안 고생을 했다.
고혈압뿐만 아니라, 자주 손발이 떨리는 현상이 일어났으며, 그러다 보니 늘 피곤한 상태가 되었다.
그런데 동생의 소개로 이온 미네랄을 알게 되었다. 처음에는 반신반의했다. 병원을 자주 다녔는데도 별 차도가 없었기 때문에 밑져야 본전이라는 심정으로 복용했다.
1.8리터 물에 이온 미네랄 20방울을 희석시켜 하루에 한 병씩 꾸준히 복용했다.
그런데 놀라운 일이 일어났다.
어느새 나도 모르게 손발 떨림이 사라지고, 쉽사리 피로를 느끼지 못하게 된 것이다.
그리고 시일이 지나자 혈압도 점차 내려가는 것을 확인할 수 있었다.

(이인형, 남자, 50세, 부산 부산진구)

혈압이
180/110mmhg에서
120/80mmhg로

혈압이 180/110mmhg에서 120/80mmhg로
글쓴이 | 범보규-중
조회 | 517
자료출처 | 미네랄 대학

인터넷검색 | 미네랄대학 〉 미네랄체험기 〉 NO3 ▼

수시로 어지러움을 느끼고, 심장 근처 부위에 자주 통증이 왔다. 병원에 가니 심전도 진단 결과...

십 여 년째 고혈압을 앓고 있다.

혈압이 보통 180/110mmhg까지 올라갔으며, 수시로 어지러움을 느끼고, 심장 근처 부위에 자주 통증이 왔다.

병원에 가니 심전도 진단 결과 심장근육으로 공급해야 하는 혈액이 부족하기 때문이란다.

매년 두 차례 정도 병원에 가서 치료를 받는데, 의료비로 1,000원(한화 약 12만 원)이 든다.

친구의 소개로 이온 미네랄을 복용하게 되었다.

매일 30방울씩 두 병을 복용했다.

혈압이 120/80mmhg로 내려갔고 심장 부근의 통증도 없어졌다. 혈색이 변하여 붉으면서도 윤기가 돌았다.

이온 미네랄로 병을 치료한 덕에 의료비도 아끼게 되었다.

(범보규, 남자, 52세, 중국)

[전화 생중계]
고혈압, 먹은지 3일만에
혈압이 뚝뚝!!

전화 생중계-고혈압 상담
글쓴이 | 관리자
조회 | 655
자료출처 | 미네랄 대학

인터넷검색 　미네랄대학 〉 미네랄체험기 〉 NO32/NO36 　▼

혈압약은 미네랄과 관계없이 병원이나 약사의 지시에 따라서 드시게 하십시요.

전화 생중계 – 고혈압 상담 1
오늘 관리자에게 혈압이 높으신 분(약70세)께서 미네랄을 섭취하고 있는데 먹은지 3일만에 혈압이 너무 뚝뚝 떨어져서 걱정이 된다는 연락을 보호자로부터 받았다.

보호자 : 계속 드시게 해도 되는지요?

미네랄대학운영자 : 일단 하루 정도 중단하고 지켜보시지요. 다른 이상은 없었나요?

보호자 : 피곤하시답니다.

미네랄대학운영자 : 미네랄(마그네슘)은 고혈압환자에게 많이 쓰는 영양요법이지만 연세가 있으신 분이니까 서두를 필요는 없겠지요?

전화 생중계 –고혈압 상담 2
미네랄대학운영자 : 어른 분 컨디션은 좀 어떠신지요?

보호자 : 피곤한 것은 좀 괜찮아졌습니다.

미네랄대학운영자 : 혈압은요?

보호자 : 140정도로 조금 올랐습니다. 원래 180정도였으니까 그래도 많이 낮은 편입니다.

미네랄대학운영자 : 요즘도 미네랄 드십니까?

보호자 : 하루 드시지 않았고, 그 이후로 1일 약20방울을 드시고 계십니다. 물을 넉넉하게 해서 드시고 있습니다.

미네랄대학운영자 : 특별히 문제 될 것은 없을 듯 보이고, 혈압이 안정적으로 관리 될 수도 있다는 기대가 됩니다.

심근경색을
수술대신
미네랄로~

인터넷검색 　미네랄대학 〉 미네랄체험기 〉 NO73 　▼

2006년 심근경색으로 서울대병원에 20일정도 입원을 하였으며, 병원에서 수술 일자를 정하였지만, 본인의 판단으로 수술을 포기하고...

저는 남양주시 수동면 입석리 454-5번지에 사는 강일성입니다. 42년생입니다.
2006년 심근경색으로 서울대병원에 20일정도 입원을 하였으며, 병원에서 수술 일자를 정하였지만, 본인의 판단으로 수술을 포기하고 대체의학을 하기로 결심을 하고 병원을 퇴원하였습니다.
미네랄요법과 식습관 및 생활습관을 바꾸기로 결심을 하고 하나하나 실천하였습니다.
미네랄복용 후 2주 후에 지긋지긋한 변비가 사라졌으며, 항상 피곤하고 무기력상태가 좋아지기 시작 했습니다.
그리고 3개월부터는 손발 찬 것이 없어졌으며, 혈압도 정상이 되었습니다.
무엇보다 심근경색이 없어졌다는 것입니다. 미네랄덕분에 저는 70을 바라보는 나이에도 불구하고 왕성하게 제가하는 봉사활동을 열심히 하고 있습니다.
저는 현재 전국 장로회 중앙 연회 회장을 맡고 있으며, 해외 의료 선교활동을 열심히 하고 있습니다. 더불어 나에게 건강을 되찾아준 미네랄 전도일도 열심히 하고 있습니다.
저와 같이 건강을 잃은 분들에게 도움이 되고자 저의 실명과 전화번호를 남겨드리니 도움이 필요 하신 분들은 연락 주셔도 좋습니다.
031-593-0271/011-9026-6271/강일성

미네랄로 목이 뻐근한 것이 사라져

인터넷검색 | 미네랄대학 〉 참여마당 〉 질문과 답변 〉 NO71 ▼

아침에 두컵 저녁에 한컵을 마시고 평소에도 약 2리터씩 먹었습니다. 2주정도 마시고 나니 언제 그랬는가 싶게 슬그머니 머리가 맑고 어깨가 가볍습니다.

한달 전부터 미네랄을 사용해오고 있습니다.
평소 목이 뻐근하고 어깨가 아파서 매일 맛사지 및 안마를 받았고 침도 많이 맞아왔습니다.
그런데 지난달 우연히 아는 집사님의 소개로 미네랄을 알고서부터 아침에 두컵 저녁에 한컵을 마시고 평소에도 약 2리터씩 먹었습니다. 2주정도 마시고 나니 언제 그랬는가 싶게 슬그머니 머리가 맑고 어깨가 가볍습니다. 미네랄 워터 정말 좋은 것 같아요.

미네랄에 감사
(불면증, 협심증)

미네랄에 감사 (불면증, 협심증)
글쓴이 | 김철율
조회 | 668
자료출처 | 미네랄 대학

인터넷검색	미네랄대학 〉 미네랄체험기 〉 NO36 ▼

약 3일간 복용하니 정말 신기하다 할 정도로 그렇게 숨차던 것이 갑자기 괜찮아 지는 듯 싶었고 또 잠을 너무 편하게 잘 수가 있었습니다.

나는 상왕십리에 거주 하는 김철율입니다.
오래전 부터 스트레스 문제인지는 몰라도 가슴이 답답하고 숨이 차고, 숨을 몰아 쉬어야 속이 시원하곤 했답니다. 그리고 더욱 힘든것은 저녁에 잠을 잘 잘수가 없다는 것이었습니다.
가슴이 답답하고 숨이 차서 새벽에 잠에서 깨어나곤 하였습니다.
일상생활이 보통 힘든게 아니였지요. 그리고 경우에 따라서는 가슴이 아파서 더 이상 참을 수가 없어서 일반 병원에 찾아가 진료을 받아보니 큰병원으로 가보라는 것이었습니다.
그래서 왕십리에 있는 모대학 병원에 입원을 일주일을 하여 종합검사를 했답니다.
결과는 협심증과 고지열증 이라는 진단을 받고 처방을 받아 약을 복용하고 있지만 병의 차도가 별로 없어 다른 병원으로 가서 진료을 다시 받아볼 생각을 하고 있던 중, 우연히 친구가 미네랄을 먹어보라고 권하는 것이었습니다.
그래서 믿지는 않았지만 약이 아니라 식품이라니 처방받은 약을 계속 복용하는 상태에서 속는 셈 치고 먹어 보기로 했습니다.
약 3일간 복용하니 정말 신기하다 할 정도로 그렇게 숨차던 것이 갑자기 괜찮아 지는 듯 싶었고 또 잠을 너무 편하게 잘 수가 있었습니다.
집사람이 이상하대요. 혹시 수면제가 들어 있지 않을까 하는 것이었습니다.
그렇지만 그렇지는 않았습니다.
(2005년 1월 28일 김철율)

미네랄 대학

아토피,
미네랄로
고쳤어요

2세 때부터 팔꿈치, 무릎, 얼굴, 손, 발, 생식기, 항문주변 등 주름이 많은 부위에 붉은 반점이 생기면서 가렵기 시작한 남아입니다.

2세 때부터 팔꿈치, 무릎, 얼굴, 손, 발, 생식기, 항문주변 등 주름이 많은 부위에 붉은 반점이 생기면서 가렵기 시작한 남아입니다.
환부를 긁는 정도가 심해지면 가려움은 더했고 피부가 하얗게 각질이 일어나는 증상을 보였습니다.
가려움증으로 인한 수면부족으로 인해 아이가 많이 보채고 깊은 잠을 자지 못했습니다.
아이가 감기나 열이 있을 경우, 습기가 많은 장마철에는 그 증상이 더 심해졌습니다.
피부과 진료도 받은 후 처방대로 병원에서 주는 연고도 발라보고 잠을 재우기 전에 수건에 물을 적셔서 마사지도 해주고 풍 욕이 좋다고 하여 아이의 옷을 벗겨 재우기도 했습니다.
그러나 일시적인 치료만 됐을 뿐 증상은 호전되지 않고 이전과 똑같이 반복되었습니다.
아토피는 어릴 적에 고쳐야 한다고 들어서 호전되지 않은 아토피에 대한 고민은 이루 말할 수가 없었습니다.
그러던 중 아는 친지 분의 권유로 미네랄이 아토피에 효과가 있다는 사실을 접하게 됐습니다.
하루에 7방울씩을 물이나 두유 등에 타서 먹이고, 1일 1~2회 정도 목욕할 때 10ml정도의 물에 미네랄 30방울을 떨어뜨려 그 물로 목욕을 시켜보았습니다. 그렇게 목욕을 시킨지 한달 반 정도 지난 지금은 가려움, 붉은 반점이 주변에서도 놀랄 만큼 두드러지게 호전이 되었습니다.
제일 큰 변화는 아이가 더 이상 가려워하지 않고 충분한 수면을 취한다는 것입니다.

(최상민, 남자, 4세, 수원시 고색동)

미네랄 대학

미네랄을
아토피 피부에
뿌려준 결과

미네랄을 아토피 피부에 뿌려준 결과
글쓴이 | 손성안
조회 | 1,036
자료출처 | 미네랄 대학

인터넷검색   미네랄대학 〉 미네랄체험기 〉 NO41   ▼

저랑 같이 일하시는 분의 아들이 다리에 아토피가 아주 심하였는데, 미네랄을 물과 희석해서 3일정도 뿌려주었는데 아주 많이 호전되었습니다.

저랑 같이 일하시는 분의 아들이 다리에 아토피가 아주 심한 (물집이 생기고, 가렵고, 피가날 정도)피부였는데, 미네랄을 물과 희석해서 3일정도 뿌려주었는데 아주 많이 호전되었습니다.

아토피로
고생하는 분들께
미네랄을...

인터넷검색 | 미네랄대학 〉 미네랄체험기 〉 NO70 ▼

진작 알았더라면 첫아기 가졌을때 부터 먹었을걸 하고 후회도 된답니다.

18개월된 우리아기 태어난지 2개월때부터 아토피가 발생해서 너무너무 고생하다 얼마전 천식까지 진단받게 되었답니다.

하늘이 무너지는 심정으로 이것저것 알아보다 미네랄을 공부하게 되었습니다.

이젠 마지막 희망이다 하는 심정으로 미네랄을 먹이기 시작한지 일주일 조금 넘었습니다.

그런데 지금 현재 우리 아기의 상태는 정말 놀라울 정도 입니다.

태어난 이후 최고의 피부 상태입니다.

피부가 맑아지고 하루에도 수회 아토피용 크림을 발라도 목덜미며 등 곳곳에 각질이 온통 일어나 있었는데, 지금은 하루 한번 목욕 후 발라주는 크림으로도 하루종일 피부가 뽀송뽀송합니다.

아기의 컨디션도 좋고 힘없이 연한 갈색이던 머리카락도 많이 짙어지고 윤기가 흐른답니다.

그래서 임신 2개월째인 저도 같이 먹고 있어요.

진작 알았더라면 첫아기 가졌을때 부터 먹었을걸 하고 후회도 된답니다. 아토피로 고생하시는 분들께 꼭 꼭 빨리 드셔보시길 권하고 싶습니다.

미네랄로
불면증 해소

미네랄로 불면증해소
글쓴이 | 황용래
조회 | 720
자료출처 | 미네랄 대학

인터넷검색 | 미네랄대학 〉 미네랄체험기 〉 NO50 ▼

미네랄을 복용한지 꼭 3일만에 매일밤 불면으로 시달리던 불면증이 해소...

미네랄을 복용한지 꼭 3일만에 매일밤 불면으로 시달리던 불면증이 해소

복용자 : 여
나   이 : 60
복용량 : 30 방울/일
복용방법 : 아침식사 후 물량250ml 1컵에 15방울, 저녁식사 후 물 한컵에 15방울

밤에 깊은 잠을 못 이루고 잠깐 잠깐 자고 일어나는 것이 고작, 불면증에 시달려서 주간에는 머리가 띵 하고, 힘에 부디침이 많았습니다.
미네랄을 접하고 난후 3일부터 밤이 천국임이 틀림없습니다.
불면에 시달리시는 분 계시면 미네랄를 추천합니다.
미네랄도 같은 미네랄이 아닙니다.
천연 미네랄을 많이 드세요.

불면증
있는 분들은
미네랄 드세요

인터넷검색　미네랄대학 〉 미네랄체험기 〉 NO25 　▼

가끔 잠을 청하다 보면, 다리부분이 애린 듯 절여오고, 가슴이 답답해오고 심하게 쿵탁 쿵탁 하고 벌렁거리는...

5년 전부터(1999년) 심한 불면증에 시달렸습니다.
새벽 2시가 넘어서 힘들게 잠이 들고, 6시가 되기 전에 잠을 깹니다.
하루 3~4시간을 겨우 잡니다.
가끔 잠을 청하다 보면 다리부분이 애린 듯 절여오고, 가슴이 답답해오고 심하게 쿵탁 쿵탁 하고 벌렁거리는 아주 기분 나쁜 고통이 월 4회 이상 찾아왔습니다.
한의원에서는 어릴 때 심하게 놀란 것이 원인이라고 하며 한약을 지어주었습니다.
6개월 정도는 증상이 없어집니다. 그리고 또 시작합니다.
그러던 중 2004년 6월경 직장 상사의 권유로 미네랄을 처음에는 15방울을 먹다가 30방울을 먹기 시작했습니다.
먹기 시작한지 20일 사이에 불면증이 사라졌습니다.
함께 쿵탁 거리던 심장증상도 이제는 월 1회로 줄었습니다.
체중도 3kg이 줄었습니다.
지금 미네랄을 먹은지 3개월 됐습니다.
원래 체질이 병약해서 늘 소화도 잘 안되고, 생리도 불규칙하고 모든게 약했습니다.
저는 미네랄을 최소한 1년을 먹어볼 계획입니다.
내 몸에 큰 변화가 일어날 것 같은 좋은 예감이 듭니다.

(강순화, 여자, 45세, 충북 음성)

불면증이
치료됐습니다

| 인터넷검색 | 미네랄대학 〉 미네랄체험기 〉 NO40 | ▼ |

"서울대 병원, 성모병원에서 못 고치는 불면증을 무슨 미네랄?" 하고 말았습니다. 그러던 중에 불면증이 치료됐습니다.

불면증과 이명으로 지긋 지긋하게 고생해오다 처남이 준 미네랄 1개월로 불면증이 신기할 정도로 간단하게 치료 되었습니다. 저는 부산광역시 동상동에 사는 57세 가장입니다.

조선소에서 근무중에 건강상의 이유(뇌경색)로 2001년 6월 1일부터 집에서 병 가료를 하고 있습니다. 약 4년이 되었습니다.

마침 산재처리 덕분에 병원비 및 생계유지에는 별 어려움은 없이 지내고 있었지만 불면증과 귀에서 들리는 그 소리때문에 고통스러운 나날을 보내고 있었습니다.

불면증과 이명증상은 뇌경색증상과 같이 오기 시작하였고 뇌경색은 병원치료를 통하여 현재는 정상적인 생활을 하고 있는데, 불면증과 이명증상 때문에 고통스러운 나날을 보내오고 있었습니다. 서울 강남성모병원/서울대 병원/한의원 등을 다니면서 여러차례 걸쳐서 검사를 받았고, 별의별 약을 다 먹어보았지만 별수가 없었고 수면제가 안좋다고해서 가능하면 먹지 않으려고 했지만 잠을 자려고 애를 쓰면 더더욱 잠으로 부터 멀어지고, 아침이면 토끼눈처럼 눈이 빨갛게 부어있고, 신경은 날카로와지고, 점점 건강에 대한 자신감을 잃어버리면서 삶에 대한 두려움 마저 느낀적이 한두 번이 아니었습니다. "서울대 병원, 성모병원에서 못 고치는 불면증을 무슨 미네랄?" 하고 말았습니다. 그러던 중에 2005년 3월 장인어른 제삿날 밤에 큰 처남이 제 집사람에게 어떻게 이야기를 했는지 그 다음날부터 2L생수병에 30방울을 희석하여 하루도 거르지 않고 먹으라고 닥달을 하는 통에 하는 수 없이 먹게 되었는데 1개월이 채 못 되어서부터 수면제 없이 잠을 잘 수가 있었습니다.

미네랄 대학

귀에서
소리가 나는
이명을 치료함

귀에서 소리가 나는 **이명을 치료함**
글쓴이 | 한도경
조회 | 843
자료출처 | 미네랄 대학

인터넷검색   미네랄대학 〉 미네랄체험기 〉 NO36   ▼

한의원에서는 기가 약하다고 하셨습니다.
우연히 이온미네랄을 알았고, 너무 피곤해서 조금 도움이 될까 해서 먹기 시작 했습니다.

저는 귀에서 소리가나는 이명으로 7~8년을 고생을 했습니다.
제가 하는 말이 귀에서 맴맴 들리고 하니 아마 저와 같은 증세가 있는 분은 그 고통을 짐작하실 겁니다. 동네 이비인후과는 물론 이름 있는 종합병원에 예약하고 진찰을 받기도 했는데, 의사 선생님이 그날 온 환자들 중에 귀가 제일 깨끗하다고 이야기하며 몸이 약해서 그럴 수 있으니 잘 먹고 휴식을 좀 취하면 괜찮아질 거라고 하셨습니다.
한의원에서는 기가 약하다고 하셨습니다. 우연히 이온미네랄을 알았고 그 당시 미네랄을 먹은 건 중·고등학생을 둔 엄마들은 아시겠지만 새벽 1시 안에 못자고 하루 종일 제 일을 하다 보니 너무 피곤해서 조금 도움이 될까 해서 먹기 시작 했습니다. 우리 몸에 필수 영양소 중 하나니 피로에 도움이 될 거라 생각했습니다. 항상 차를 많이 마시니까 저는 물이나 차를 먹을 때마다 습관적으로 5방울 정도를 넣어서 하루에 25방울 정도를 먹었습니다.
하루 중 한가한 시간에 많이 졸고 그랬는데 이온 미네랄을 먹은지 며칠 만에 피로가 없어지면서 몸이 가뿐해 졌고 약20일 정도 지나면서 아주 기적 같이 어느 날부터인가 귀에서 소리가 안 나는 것이었습니다. 그 후 4개월째 먹고 있는데 피로는 물론이고 지금까지 귀에서 소리 나는 증상은 완전히 사라졌습니다. 이것은 저에겐 대단한 기쁨이었답니다.
제가 몸이 아프거나 특별히 약하지도 않은데 피곤하고 귀에서 소리가 난 것은 확실히 영양의 불균형, 특히 미네랄 부족이 원인이었다고 확신합니다.
이제는 우리 가족이 모두 이온 미네랄 제품을 필수적으로 챙겨 먹고 있습니다.

한도경(46세) 경남 김해시 장유면

고질적인 뒷골 땡김(두통)이 사라지다

고질적인 뒷골 땡김(두통)이 사라지다
글쓴이 | 엄재순
조회 | 862
자료출처 | 미네랄 대학

인터넷검색 | 미네랄대학 〉 미네랄체험기 〉 NO39 ▼

10일정도 드신후는 두통이 확 살아졌습니다.
고혈압은 체크을 안 해봐서 모르겠습니다만 두통만큼은 확실히 잡았습니다.

공장앞 동네에 올해 칠순이신 할머니가 고혈압에 두통이 심하다는 얘기를 듣고, 정의의 사자인 사람이 미네랄을 드리면서 오차물에 타서 하루에 20방울 정도로 드시라고 했는데, 4일정도 지나서는 두통이 조금 덜해지면서 10일정도 드신후는 두통이 확 사라졌습니다.
고혈압은 체크을 안 해봐서 모르겠습니다만 두통만큼은 확실히 잡았습니다.

(엄재순, 나이 70세)

미네랄 대학

숙취와
미네랄

숙취와 미네랄
글쓴이 | 이승형
조회 | 973
자료출처 | 미네랄 대학

인터넷검색 | 미네랄대학 〉 미네랄체험기 〉 NO71 ▼

음주 전후에 미네랄을 보충해 주면 상당부분 숙취를 예방할 수 있을 것...

안녕하세요 . '생명의 원소 미네랄' 저자 이승형입니다.
숙취란 급성알코올중독에 수반하여 나타나는 두통, 메스꺼움, 무기력증 등의 불쾌한 증상이
수면에서 깨어난 뒤까지 계속 되는 현상을 의미합니다.
최근의 연구결과는 숙취발생이 ADH(anti diuretic hormone, 항이뇨호르몬)의 아래와 같은
신체내 조절과정에서 비롯된다고 밝혀주고 있습니다.

1. 먼저 술을 먹으면, 혈중알코올농도가 증가하게 됩니다.
2. 혈중알코올농도가 증가하면 인체내 ADH수치가 감소하게 됩니다.
3. 체내 알코올분해효소(alcohol dehydrogenase)가 알코올을 분해시키면서 혈중알코올농도
   는 서서히 떨어지게 됩니다.
4. 혈중알코올농도가 떨어지면 인체의 ADH수치는 상승하고, 많은 이온미네랄을 필요로 합니다.
5. 이때 인체내에 전해질이 부족하면 뇌 등 인체내 다른 부위에서 필요한 전해질 즉, 이온미네
   랄을 가져와 보충하게 됩니다.
6. 이 과정에서 숙취의 대표적 현상인 두통, 메스꺼움, 무기력증 등의 현상이 발생하게 됩니다.
   숙취예방을 위해서는 물론 지나친 음주를 삼가는 것이 좋지만, 음주 전후에 미네랄을 보충
   해 주면 상당부분 숙취를 예방할 수 있을 것 입니다.

다리의
관절통도...

| 인터넷검색 | 미네랄대학 〉 미네랄체험기 〉 NO7 | ▼ |

나는 노인성 관절통과 신경통을 앓고 있다.

항상 비가 오기 전에 신경통으로 온 몸이 두들겨 맞은 것과 같이 아프고 찌뿌등했다.

나는 노인성 관절통과 신경통을 앓고 있다.

항상 비가 오기 전에 신경통으로 온 몸이 두들겨 맞은 것과 같이 아프고 찌뿌등했다.

그리고 다리에 수시로 오는 관절통 때문에 걷는 것이 고통스러웠다.

그러나 이온 미네랄을 먹고는 몰라보게 달라졌다.

처음에는 몸이 가벼워지는 것을 느끼게 되더니, 다리의 관절통도 의식하지 않을 정도로 호전
됐다.

음료수에 이온 미네랄을 희석하여 하루 20방울 정도를 식사 전후에 습관적으로 마시고 있다.

복용한지 2개월이 지났는데 지금은 아무런 불편이 없다.

(김○○ , 여자, 60세, 경기도 일산)

나는
류마티스
관절염을...

인터넷검색　미네랄대학　〉　미네랄체험기　〉　NO8　▼

나는 류마티스 관절염을 십 몇 년간 앓아 왔다. 중지 관절에 큰 종양이 있어 통증이 아주 심해서 척추를 굽힐 수 없었다. 병원에서 류마티스인지...

나는 류마티스 관절염을 십 몇 년간 앓아 왔다.
중지 관절에 큰 종양이 있어 통증이 아주 심해서 척추를 굽힐 수 없었다.
병원에서 류마티스인지 검사해보니 양성으로 나왔다.
치료를 위해서 2년 동안 호르몬을 복용했다.
그러나 또다시 고혈압이 왔고, 대퇴골과 두개골의 골절이 왔다.
병이 추가된 것이다.
호르몬 투여와 함께 고혈압약도 복용해야 했다.
관절은 경직되어 갔고, 몸을 자유자재로 움직일 수가 없어 가족들에게 큰 부담을 주게 되었다.
나는 급한 마음에 친구가 소개해 준 이온 미네랄을 매일 30방울씩 복용했다. 복용하고 3일이 지난 후, 통증을 참을 수 있을 정도가 되었다.
친구는 이온 미네랄에 있는 미량 원소가 작용한 것으로, 지금 이 순간에도 작용은 멈추지 않고 일어나고 있다고 말했다.
계속하여 일주일동안 복용하니 통증이 사라지고 관절도 자유로이 움직일 수 있게 되었다.
이제 집안 일을 조금씩 도울 수 있게 되었고, 우리 가족들은 이온 미네랄을 아주 고마워 하고 있다.

(이치국, 남자, 54세, 중국)

기미, 죽근깨에는
미네랄이
최고다

인터넷검색 | 미네랄대학 〉 미네랄체험기 〉 NO16 ▼ |

저는 첫아이 출산과 더불어 기미와 죽근깨가 심하여 한약과 별 약을 다 먹고 바르고 했습니다.
많은 돈을 투자했지만...

저는 직장여성입니다.
저는 첫아이 출산과 더불어 기미와 죽근깨가 심하여 한약과 별 약을 다 먹고 바르고 했습니다.
많은 돈을 투자했지만 긴가 민가 하는 효과뿐 눈에 보이는 효과는 없어서 이제는 적당히 화장
품으로 커버해 나가고 있는 상태인데, 남편이 흰 통에 담긴 진한 농축액을 주면서 기가 막힌
것이니 먹어보라고 권해서 미네랄을 먹기 시작 했습니다.
1.5L병에 20방울을 희석하여 하루 한 병을 꾸준히 먹으면서 얼굴에도 발라 주었습니다.
4일째 되는 날 변비가 해결되었습니다.
동시에 화장이 잘 받는다는 느낌이 왔습니다.
그리고 약 1개월 지났을 때 얼굴에 있는 기미가 가장 자리부터 조금씩 없어지는 것을 눈으로
확인했습니다.
기미, 죽근깨뿐만 아니라 몸이 활기가 넘치고 평소에 있던 두통도 사라졌습니다.

(김혜경, 여자, 40세, 수원시 팔달구)

미네랄 대학

초등학교
5학년 때부터의
여드름이

초등학교 5학년 때부터의 여드름이
글쓴이 | 권은경
조회 | 546
자료출처 | 미네랄 대학

인터넷검색 미네랄대학 〉 미네랄체험기 〉 NO17 ▼

주변사람들로부터 "얼굴 참 좋아 졌다"는 소리를 듣게 되었다.
지금은 6개월째 미네랄을 섭취하고 있다.

나는 초등학교 5학년부터 여드름이 볼, 이마, 목 등에 심하게 나기 시작했다. 또래 친구에게 놀림을 받을 정도로 심각하여 피부과도 다니고 곡물 맛사지나 여드름연고 시중에 나온 것 안 발라본 것이 없었다.
그러나 일시적인 변화뿐 개선되질 못하였다.
피부과의 치료나 바르는 것으로 안 된다는 생각이 들었고 미네랄을 우연한 기회에 만났다.
1.5L의 물에 11방울을 희석하여 마시고, 화장수에 미네랄을 섞어서 사용하였다.
이틀 후에 오히려 여드름이 확 올라와서 사용을 중단할까도 생각했는데 노폐물이 배출되는 증상이라는 말을 듣고 꾸준히 사용하였다.
1주일 후에 안정이 되었으며, 놀라운 변화가 일어났다.
주변사람들로부터 "얼굴 참 좋아 졌다"는 소리를 듣게 되었다.
지금은 6개월째 미네랄을 섭취하고 있다.
미백효과에 모공수축까지 효과가 있어서 많은 사람에게 꼭 권하고 싶다.
(권은경, 여자, 20세, 부산시 해운대구)

여드름에 20~30방울 희석해 발라

여드름에 20~30방울 희석해 발라
글쓴이 | 오메-중국
조회 | 639
자료출처 | 미네랄 대학

인터넷검색 | 미네랄대학 〉 미네랄체험기 〉 NO18 ▼

나는 얼굴 전체에 여드름이 아주 심하다.
여드름에 좋다는 화장품도 이것저것 많이 사서 발랐고, 병원도 다녔다. 여드름 치료에...

나는 얼굴 전체에 여드름이 아주 심하다.
여드름에 좋다는 화장품도 이것저것 많이 사서 발랐고, 병원도 다녔다. 여드름 치료에 2,000원(한화 약 28만 원) 정도를 썼다. 그러나 효과는 그다지 좋지 않았다.
우연히 누가 이온 미네랄이 여드름에 효과가 있다고 얘기하는 것을 들었다. 매일 20~30방울을 희석한 후, 그 액체를 먹고 얼굴에 발랐다.
20일이 지난 후에 여드름은 거의 사라지고 없었다. 다만, 월경 전에 몇 개의 여드름이 났을 뿐이었다. 게다가 월경주기도 정상이 되었다.
이온 미네랄이 사춘기 소녀의 미용에 효과가 좋다는 걸 직접 체험할 수 있었다.

(오메, 여자, 17세, 중국)

미네랄 대학

이젠 뽀루지가
걱정
없습니다

이젠 뽀루지가 걱정 없습니다
글쓴이 | geraldine
조회 | 576
자료출처 | 미네랄 대학

인터넷검색   미네랄대학 〉 미네랄체험기 〉 NO19   ▼

때때로 친구들과 외출을 하면 매우 늦게까지 자지 않고 일어나 있습니다. 그러면 나는 뽀루지가 나고 이를 치료하는데...

나는 대개 일찍 잠자리에 듭니다.
그러나 때때로 친구들과 외출을 하면 매우 늦게까지 자지 않았습니다.
그러면 나는 뽀루지가 나고 이를 치료하는데 매우 어렵습니다.
이를 완전히 치료하려면 2주나 걸립니다.
그러나 미네랄을 사용하기 시작하면서 나는 이틀만에 그 뽀루지들이 쉽게 없어지는 것을 볼 수 있었습니다.
탁한 내 피부가 서서히 맑아지는 것도 알 수 있었습니다.
미네랄은 정말 큰 도움이 되었습니다.
이제 나는 아침에 뽀루지가 날까 하는 걱정 없이 내가 원하는 시간에 잠들 수 있게 되었습니다.
(GERALDINE LUCERO, 여, 26세, MAKATI 시)

미네랄 대학

[전화 생중계]
피부반점, 가려움이 멈추었어요

[전화 생중계] 피부반점, 가려움이 멈추었어요
글쓴이 | 관리자
조회 | 678
자료출처 | 미네랄 대학

인터넷검색 | 미네랄대학 〉 미네랄체험기 〉 NO36 ▼

반점이 조금씩 줄어 드는 느낌을 받았지요. 오줌이 시원하게 자주 많이 나왔어요. 기분이 좋았어요.

성명 : 최*환(고분자 공학박사/69세)
주소 : 경남 하만군 칠서면 대치리 271-2 / 전화번호: 011-850-9**5

최박사 : 저는 고분자 공학박사입니다. 이온 미네랄의 중요성을 잘 알고 있는데, 친구가 주어서 알게 되었지요.
미네랄대학운영자 : 어디가 불편하신지요?
최박사 : 피부병! 몸에 반점이 심해요. 특히 건조해지는 가을부터 겨울까지 더 심합니다.
미네랄대학운영자 : 어떻게 드셨나요?
최박사 : 우선 반점부위에 미네랄농축액을 물에 희석하여 발랐지요. 그리고 30방울을 물에 타서 먹었지요.
미네랄대학운영자 : 그랬더니요?
최박사 : 가려움이 멈추었어요. 그리고 반점이 조금씩 줄어드는 느낌을 받았지요.
미네랄대학운영자 : 다른 변화는 없었나요?
최박사 : 오줌이 시원하게 자주 많이 나왔어요. 기분이 좋았어요. 그래서 1년분을 구입했어요. 무엇인가 있을 것 같았어요.
미네랄대학운영자 : 앞으로 진행내용을 들려줄 수 있겠지요?
최박사 : 그립시다.

우리아기 천식과 피부발진에서 해방되었습니다

우리아기 천식과 피부발진에서 해방되었습니다
글쓴이 | gina necio
조회 | 567
자료출처 | 미네랄 대학

| 인터넷검색 | 미네랄대학 〉 미네랄체험기 〉 NO12 ▼ |

일주일 동안 아이가 밤에 잠도 못자면서 고생을 하였고, 특히 새벽에는 숨쉬는 것도 매우 힘들었습니다. Lorna De Jesus가 나에게...

최근에 알러지가 발생하여 피부 발진과 천식을 일으키고 있는 8개월 된 아이의 엄마입니다.
일주일 동안 아이가 밤에 잠도 못자면서 고생을 하였고, 특히 새벽에는 숨쉬는 것도 매우 힘들었습니다.
Lorna De Jesus가 나에게 이온미네랄을 주기 전까지는 말입니다.
그 날 아침 내가 항상 아이를 위해 사용하는 분무기에 물을 넣고 이온미네랄 3방울을 넣고 비타민 C 1방울을 넣었습니다.
놀랍게도 그 다음날 아이가 괜찮아졌고 잘 놀며 다시 기어 다니기 시작했습니다.

(GINA NECIO, 여자, 30세, MAKATI 시)

3년 고생한
알레르기 비염
치료돼

3년 고생한 알레르기 비염 치료돼
글쓴이 | 윤은미
조회 | 635
자료출처 | 미네랄 대학

인터넷검색   미네랄대학 〉 미네랄체험기 〉 NO14   ▼

나는 한 3년 동안 알레르기 비염 때문에 무척 고생을 했다. 그러다 남편 친구가 내 얘기를 듣고는 이온 미네랄을 선물했다.

나는 한 3년 동안 알레르기 비염 때문에 무척 고생을 했다.
그러다 남편 친구가 내 얘기를 듣고는 이온 미네랄을 선물했다.
처음에는 의심했다.
의사도 아닌데, 이런 걸 믿고 먹어도 되는지 망설여졌다.
먼저 이온 미네랄에 대한 공부를 하고 나서 복용하기로 결심했다.
손해 볼 일이 없을 것 같았다.
그러나 결과는 기대 이상이었다.
지금은 복용한지 6개월이 되어간다.
놀라운 것은 지독한 비염증세가 차츰차츰 줄어들고 있다는 사실이다.
1.8L에 물에 이온 미네랄을 20방울씩 넣어 희석하여 매일 한 병씩 꾸준히 마셨다.
(윤은미, 여자, 39세, 서울 방이동)

미네랄 대학

7년전
체중으로

7년전 체중으로
글쓴이 | 송종섭
조회 | 687
자료출처 | 미네랄 대학

4개월만에 체중이 7년전으로 돌아간 것도 기쁜 일이지만, 수영에 파워와 지구력이 생겨서 함께 수영하는 회원들이 놀라워하고...

신장 172cm, 47세의 직장인이다.

20~30대 초까지의 체중이 60kg을 넘지 않은 다소 마른편이었는데, 40살이 되던 해부터 아랫배가 나오기 사작하더니 몸무게 64kg이 넘어 서 버렸다.

그래서 수영을 시작했고 지금까지 7년동안 거르지 않고 새벽에 1시간 동안 열심히 수영을 한 덕분에 체중 증가는 둔화 되었지만 그래도 조금씩 조금씩 체중이 늘어서 최근(2004년 5월) 미네랄을 먹기전까지 체중이 68kg이 되었다.

미네랄을 2004년 5월 1일부터 하루 30방울을 정확히 먹기 시작하였다.

먹는 날부터 많은 양의 소변이 시원하게 나왔다.

복용 첫 달에는 체중계의 바늘이 68kg 이하를 가르키기 시작하더니, 2개월부터 평균 1kg정도가 줄었으며, 3개월째 2kg감소되었고, 4개월째 되는 달에 64kg가 되었다.

4개월만에 40살때의 체중으로 돌아간 것이다.

체중이 7년전으로 돌아간 것도 기쁜 일이지만 수영에 파워와 지구력이 생겨서 함께 수영하는 회원들이 놀라워하고 있다.

(송종섭, 남자, 47세, 서울시 서초구)

미네랄 대학

대, 소변
횟수 증가하고
시원한 배출

나는 발기부전이 있어서 이온 미네랄을 먹게 되었다. 이온 미네랄 25방울을 생수병 500ml에 희석하여 가지고...

나는 발기부전이 있어서 이온 미네랄을 먹게 되었다.
이온 미네랄 25방울을 생수병 500ml에 희석하여 가지고 다니면서 습관적으로 음복하고 있다.
이온 미네랄을 음복하면서 대 · 소변 횟수가 증가하기 시작했다.
배설물에서 악취가 난 이후에 점점 침체된 몸이 가벼워진 것을 느끼게 되었다.
하부에 뿌듯함이 잦으며 소변 배출에 힘이 들어가고 시원해졌다.
물론 발기부전을 말끔하게 치료한 것이다.

(배○○, 남자, 55세, 서울 강남)

변비박사는
미네랄이네요

변비박사는 미네랄이네요
글쓴이 | 황순임
조회 | NO26
자료출처 | 미네랄 대학

인터넷검색 　미네랄대학 〉 미네랄체험기 〉 NO26 　▼

저는 특히 아픈 곳은 없지만 위장과 변비로 고생을 하고 있고, 주부들에게 흔한 두통과 생리불순 그리고 피곤함 등...

친구로부터 미네랄을 권유 받았지만 먹는 둥 마는 둥 하고 있는데...
KBS TV 생로병사에서 특집 '불로초 미네랄 편'이 방송 되는 것을 보았습니다. 깜짝 놀랐습니다. 불임, 유산부터 관절염, 아이들 집중력, 남편들 정력 등 모든 것이 미네랄부족에서 오는 질병이라는 것을 보고 미네랄을 제대로 먹기 시작 했습니다.
저는 특히 아픈 곳은 없지만 위장과 변비로 고생을 하고 있고, 주부들에게 흔한 두통과 생리불순 그리고 피곤함 등이 있는 전형적인 주부들의 반 건강 상태입니다.
1.8L병에 미네랄 액 20방울을 희석하여 하루 한 병을 열심히 먹었습니다.
처음에는 소변이 잦았고, 변량이 늘었고, 변에서 냄새가 많이 나더니 20일쯤 되던 날에 속이 후련할 정도로 통변이 여러 차례 반복되더니 이제는 깨끗해졌습니다.
두통, 생리불순도 말끔해져서 지금은 너무 좋습니다.

(황순임, 여자, 43세, 경기도 고양시)

오랜 숙원인
변비와
과민성 장 해소

오랜 숙원인 변비와 과민성 장 해소
글쓴이 | 꽃마차
조회 | 814
자료출처 | 미네랄 대학

지금은 아침에 눈을 뜨자 마자 미네랄을 10방울 정도를 보름정도 먹었더니 일 보는게 많이 쉬워졌구여 장도 많이 편해졌습니다.

저는 1년 정도 변비와 과민성 장으로 무지 고생을 했습니다.
그런데 별다르게 아픈곳은 없었구여 단지 속이 편하지 않고, 음식을 섭취해도 가스가 많이 차고, 심지어는 화장실에서 볼일을 볼 땐 책 한 권을 다 읽을 정도였습니다.
그런데 지금은 아침에 눈을 뜨자 마자 미네랄을 10방울 정도를 보름정도 먹었더니 일 보는게 많이 쉬워졌구여 장도 많이 편해졌습니다.
그렇지만 오랜 변비와 장의 불균형으로 피부 독소가 와서 얼굴에 트러블이 심하게 일어났는데 지금은 샤워를 마치고 5~7방울을 얼굴에 마사지하듯 발라줍니다.
바르면 2~3초 정도는 무지 화끈거리고 따끔따끔했는데 많은 부분이 잡아져 가고 있는 것 같습니다.
젊다는 것만 믿고 몸을 방치했다가 이 지경에 이르러서야 사태의 심각성을 알았습니다.

미네랄로
비염 고쳤다

미네랄로 비염 고쳤다
글쓴이 | 김양순
조회 | 588
자료출처 | 미네랄 대학

인터넷검색　미네랄대학 〉 미네랄체험기 〉 NO13 ▼

봄이면 밖을 나 다닐 수 없을 정도로 눈, 코, 입 주위가 건조, 코맹맹, 눈물, 가려움증 뿐만 아니라 심지어 허리에 요통증상, 만성변비, 수족마비까지 고생이 심했...

비염이 생각보다 괴로운 병이라는 것은 아는 사람은 잘 압니다.
난 한 3년 동안 알레르기 비염으로 고생을 하고 있습니다.
봄이면 밖을 나 다닐 수 없을 정도로 눈, 코, 입 주위가 건조, 코맹맹, 눈물, 가려움증 뿐만 아니라 심지어 허리에 요통증상, 만성변비, 수족마비까지 고생이 심했습니다.
미네랄요법을 권유 받고 하루 20방울을 1.8L에 희석하여 하루에 1통을 다 섭취했습니다.
1주일째부터 비염증상이 확실이 좋아졌습니다.
그리고 여러 증상이 좋아졌습니다.
피부는 물론이고 혈색이 참 좋아졌다는 이야기를 많이 듣고 있습니다.

(김양순, 여자, 42세, 전남 남원시)

임산부 입덧과
미네랄

임산부 입덧과 미네랄
글쓴이 | 김진환
조회 | 1,058
자료출처 | 미네랄 대학

인터넷검색 | 미네랄대학 〉 미네랄체험기 〉 NO62 ▼

남편이 사다준 이온미네랄을 먹으면서 입덧이 어떤건지 저와는 상관이 없는 일이 되었고 까맣게 잊고 지내왔어요.

임산부는 입맛이 까다롭잖아요.
저는 원래 비위가 잘 상해서 입덧이 심할까봐서 걱정을 많이 했답니다.
그런데 남편이 사다준 이온미네랄을 먹으면서 입덧이 어떤건지 저와는 상관이 없는 일이 되었고 까맣게 잊고 지내왔어요.
그런데, 다른 엄마들을 만나면서 이온미네랄을 권해주었더니 다들 고맙다고 하더군요!
그렇다고 100% 입덧이 없어졌다가 아니라, 미네랄을 먹으면 아주 경미한 입덧밖에는 하지 않더라구요.
그 바람에 제 남편도 얼마전부터 부업으로 팔고 있어요.
메일로 연락주세요.
아, 다음달에 우리 아이가 태어난답니다.
아주 건강하다네요~~~

군대에서 가지고 온
25년 무좀! 해결

인터넷검색 | 미네랄대학 〉 미네랄체험기 〉 NO43 ▼

바르고 난 다음에 바로 가려움이 없어지고 2~3일 발랐는데 무좀 껍질이 떨어지면서 무좀이 사라졌습니다.

저는요 군대에서 가지고 온 무좀이 심하였습니다.
약 25년 동안 심하였다가 덜 심하였다가 여러 차례 반복만하던 중에 미네랄을 한번 발라보았습니다.
바르고 난 다음에 바로 가려움이 없어지고 2~3일 발라는데 무좀 껍질이 떨어지면서 무좀이 사라졌습니다.
무좀을 갖고 계시는 분들 농축된 미네랄 몇 방울로 발에 평화를 가져 올 수 있습니다.

십이지장궤양,
하루 20방울로
치료

십이지장궤양, 하루 20방울로 치료
글쓴이 | 김○○
조회 | 562
자료출처 | 미네랄 대학

인터넷검색 | 미네랄대학 〉 미네랄체험기 〉 NO27 ▼

음복하자마자 대 · 소변 횟수가 증가하고, 대소변에 악취가 나며, 방귀가 잦게 나왔다. 그리고
복용한지 10여 일이 지나자 몸이 거뜬...

나는 회사의 중역으로 주로 내근을 한다.
오후가 되면 피로가 쌓여 다음날 기상하기가 어려울 정도이다.
진단을 해보니 스트레스성 십이지장궤양이라고 한다.
약을 복용해보니 약을 먹을 때만 효과가 있고, 다시 재발하는 경우가 많아 고생을 많이 했다.
그래서 이온 미네랄을 복용했다.
이온 미네랄을 작은 용기(20ml)에 담아 가지고 다니면서 하루에 20방울 정도를 식사 중에 스
프나 국물에 타서 마시기도 하고, 물이나 커피, 소주 등에 희석하여 마셨다.
음복하자마자 대 · 소변 횟수가 증가하고, 대소변에 악취가 나며, 방귀가 잦게 나왔다.
그리고 복용한지 10여 일이 지나자 몸이 거뜬해진 것을 느끼게 되고, 아침에 일어나기가 쉬워
졌다.
특히 과음한 다음날에도 숙취가 나지 않았다. 물론 이온 미네랄 덕분이다.

(김○○, 남자, 49세, 서울 양천구)

허리와 갑상선이
좋아 졌습니다

허리와 갑상선이 좋아졌습니다
글쓴이 | MILA MANCI
조회 | 634
자료출처 | 미네랄 대학

인터넷검색 │ 미네랄대학 〉 미네랄체험기 〉 NO28 ▼

미네랄을 복용한 3주 후, 부풀어 올랐던 갑상선이 지금은 거의 보이지 않게 되었고 무너졌던 내 척추도 더 이상 아프지 않았습니다.

허리와 갑상선이 좋아졌습니다.
의사에게 갑상선이라고 진단받았고 지난 2003년 5월에는 척추가 무너졌습니다.
나는 11월에 Health Code 국제 사무소에 초대받았고 멤버가 되었습니다.
처음엔 한번에 미네랄 10방울을 먹었는데 고통스러웠던 척추가 매우 편안해지는 것을 경험했습니다.
미네랄을 복용한 3주 후, 부풀어 올랐던 갑상선이 지금은 거의 보이지 않게 되었고 무너졌던 내 척추도 더 이상 아프지 않습니다.
(MILA MANCION, 여, 46세, PATEROS, MM)

운동중에
미네랄은 필수

운동중에 미네랄은 필수
글쓴이 | 이창
조회 | 685
자료출처 | 미네랄 대학

인터넷검색	미네랄대학 〉 미네랄체험기 〉 NO29 ▼

한 2주정도 꾸준히 먹은 결과 운동 후 피로감이 현저히 없어지고, 운동능력이 향상되는 것을 체감할 수 있었습니다.

미국에서 살다 온 선배의 권유로 물에 타서 먹는 미네랄 원액을 접하게 되었는데, 이것을 물병에 몇 방울씩 떨어뜨려서 운동중에 섭취하였습니다.

일단 먹기가 편하고 휴대가 간편해 챙겨먹기에 불편함이 없어서 꾸준히 먹었습니다. 그런데 한 2주정도 꾸준히 먹은 결과 운동 후 피로감이 현저히 없어지고, 운동능력이 향상되는 것을 체감할 수 있었습니다.

그 후 미네랄에 관한 자료들을 찾아서 보았는데... 평소 그다지 중요하게 생각하지 않았던 미네랄이 우리 몸에서 엄청난 역할을 한다는 것을 알게 되었습니다.

일단 저 처럼 운동을 즐겨하는 사람은 몸에서 수분이 빨리 빠져나가게 되고 다시 수분이 보충되는 동안에 무력감이나 면역력이 떨어지는 등의 현상이 가끔씩 생길 수 있기 때문에 인체의 균형잡이 역할을 하는 미네랄의 보충이야말로 꼭 필요하다고 생각합니다.

그리고 운동량에 비해서 실력이 늘지 않으시는 분들에게도 권하고 싶습니다. 운동량이 늘어날수록 우리의 몸은 더 많은 양의 영양을 필요로 하게 되고 그것을 효과적으로 몸의 각 부위에 전달해야 하는데 그러한 것을 조절하는 역할을 미네랄이 하는 것입니다.

처음 운동의 재미에 빠져서 몸이 느꼈던 즐거움을 요즘들어 미네랄로 다시금 느끼고 있습니다.

너무 많은 효과를 보았습니다

병원에서는 갑상선도 있고, 빈혈증상이 있다고 하여 병원에서 처방하는 약을 복용했으나, 진정효과만 있었을 뿐 별다른 효과를 보지 못했습니다.

충남 온양에 살고 있는 김준래입니다.
3달전 평택에서 주차장을 운영하시는 사장님의 권유로 미네랄을 복용해 많은 효과를 보고 있습니다. 둘째 아이를 낳고, 1주일 후 아이가 병원에 입원치료를 받았던터라, 몸조리를 제대로 하지못해 몸이 안좋은 줄로만 알고 있었습니다. 그런데 5년 전부터 유난히 피곤해하고, 낮에 잠을 자기 시작했고, 점차 등이 아프고, 두통을 동반하였고, 이어서 생리통도 심해지고 주기마저 불규칙하게 되었습니다.

병원에서는 갑상선도 있고, 빈혈증상이 있다고하여 병원에서 처방하는 약을 복용했으나, 진정효과만 있었을 뿐 별다른 효과를 보지 못했습니다. 4년 전부터는 거의 누워있다 할 정도로 심해졌습니다. 지켜보는 저에게도 엄청난 스트레스가 되더군요. 매일같이 아프다고하고 집안일도 엉망이 되어가고, 경험해보신 분들은 이해 하실겁니다. 좋다는 병원, 한의원 등을 전전 했지만 큰 효과를 보지 못했습니다. 늘 피곤한 얼굴에 여드름이 많은 아내의 얼굴을 보고, 주차장 사장님이 먹어보라 권하시어 속는 셈 치고 먹었으며, 사장님께서 주신 책자를 보고, 설득력이 있다싶어 식구들 모두 먹어 보기로 하였습니다. 2~3일 후 아침에 일어나서 몸이 가벼워지는 걸 느끼고, 한달 보름 후부터 두통도 점점 나아지는 기미가 보였으며, 얼굴의 여드름도 좋아지는 걸 느껴습니다. 지금은 얼굴도 많이 좋아지고, 낮에 자는 일도 없어 두통도 사라지고, 생리통도 점차 효과를 보고 있습니다. 참, 저도 아침에 일어나서 몸이 가벼워졌고, 몸이 좋아지는 아내를 보니 너무나 행복하고 살맛이 나는 군요.

반 병 복용 후
정력이 솟구쳐

반 병 복용 후 정력이 솟구쳐
글쓴이 | 장석-중국
조회 | 624
자료출처 | 미네랄 대학

인터넷검색　미네랄대학 〉 미네랄체험기 〉 NO21　▼

내가 가장 견디기 힘든 것은 일년 전 성교불능과 조루증 진단을 받은 것이다. 아내는 점점 나를 냉담하게 대하기 시작하더니...

나는 회사에서 지배인을 맡아 일하고 있다.

일로 인한 스트레스가 증가하면서 몸이 점점 안 좋아지는 것을 느꼈다.

내가 가장 견디기 힘든 것은 일년 전 성교불능과 조루증 진단을 받은 것이다. 아내는 점점 나를 냉담하게 대하기 시작하더니 결국에는 이혼을 요구하기도 했다. 나의 이런 고민을 들은 친구가 대뜸 내게 이온 미네랄을 추천하는 것이었다.

혹시나 하면서 이온 미네랄 하루에 30방울씩을 복용했다.

반 병 정도를 복용하고 나자 정력이 솟구치는 것을 느낄 수 있었다.

이제는 아내가 이혼을 요구하지 않는다.

이온 미네랄 덕분이다.

이온 미네랄이 우리 가정을 구해준 것이다.

(장석, 남자, 37세, 중국)

밤이 무서운
친구에게

밤이 무서운 친구에게
글쓴이 | nick tacorad
조회 | 592
자료출처 | 미네랄 대학

인터넷검색 | 미네랄대학 〉 미네랄체험기 〉 NO22 ▼

어느날 절친한 친구가 내게 자신의 성적불능에 관해 하소연 겸 자문을 구한 일이 있다.
나는 마침 주머니에 들어 있던 이온 미네랄을...

어느날 절친한 친구가 내게 자신의 성적불능에 관해 하소연 겸 자문을 구한 일이 있다.
나는 마침 주머니에 들어 있던 이온 미네랄을 친구에게 권했다.
친구는 머뭇거렸지만 내 설명을 듣고는 용기를 내어 밤에 사용해 보겠다고 했다.
다음에 만난 그 친구는 정말 효과가 있었다고 너무나 좋아하는 것이었다.
그 친구는 즉시 이온 미네랄 두 병을 주문했다.

(Nick Tacorda, 남성, 40세, Novaliches, Quezon City)

전립선과 피로가
사라졌다

인터넷검색 | 미네랄대학 〉 미네랄체험기 〉 NO24 ▼

앉아서 하는 직업 탓인지 7년 전부터 전립선 때문에 소변을 보면 개운치를 못하고 꼭 무엇인가 걸려있는 듯한 느낌이였다.

지금 내 나이 45세이다.

직업은 운전수다.

앉아서 하는 직업 탓인지 7년 전부터 전립선 때문에 소변을 보면 개운치를 못하고 꼭 무엇인가 걸려있는 듯한 느낌이였다.

그리고 잔뇨가 많아서 몹시 불편했다.

그리고 피로가 쌓여서 어깨 저림과 통증으로 운전하기가 너무 어려웠다.

미네랄을 구입하여 아침 출근할 때 2L물통에 15방울을 희석하여 차에 놓고 하루 종일 그 물을 마셨다.

3일째 되는 날 아랫배에 미세한 통증이 느껴지면서 화장실 가는 횟수가 늘어났으며, 소변에 악취가 심하게 나면서 소변량이 증가 하였다.

5일째 되는 날부터 아랫배에 더 심한 통증이 느껴지더니 덩어리가 빠져나가는 듯한 뻥 뚫린 느낌을 받았다. 소변보기가 시원해졌다.

그 이후에도 빠짐없이 미네랄을 먹었다.

지금은 어깨 결림, 피곤함 그리고 전립선의 고통으로부터 이젠 완전히 해방되었다.

(김종희, 남자, 45세, 부산광역시 동래구)

숙취!
이온미네랄로
빠른 컨디션회복

숙취! 이온미네랄로 빠른 컨디션회복
글쓴이 | 한성운
조회 | 846
자료출처 | 미네랄 대학

인터넷검색   미네랄대학 〉 미네랄체험기 〉 NO51   ▼

흥미로운 것은 술 마신 다음날 오전,
술을 마시지 않았던 날처럼 거뜬하게 몸이 회복되는 것을 느끼고 있으며...

저는 과음한 다음날이면 오전은 거의 일을 보지 못할 정도로 술에 약한 체질입니다.
통상적으로 술을 잘 마시는 사람들과 비교하면 1/2정도의 음주량으로도 그 숙취의 정도가 심한 편이라고 말씀드릴 수 있습니다.
이온미네랄을 사업과 함께 알게 된 이후로 술자리가 있는 날이면 술에 이온미네랄을 섞어 마시고 있습니다.
흥미로운 것은 술마신 다음날 오전,
술을 마시지 않았던 날처럼 거뜬하게 몸이 회복되는 것을 느끼고 있으며, 제 주량보다도 많이 과음한 날에는 오전 중에 물과 함께 이온미네랄을 섭취하면 그 회복의 정도가 몸으로 금새 느껴질 정도로 빨리 회복된다는 것입니다.
또 하나 신기한 것은 예전에는 과음한 다음날 어제의 술자리 일을 떠올리며 혹시 무슨 실수를 한 것은 아닌가 하는 자책하는 마음이(이런 경험 다들 해보셨죠?) 많았는데, 미네랄을 섭취한 이후로는 그런 자책과 우울(?)한 마음이 사라졌다는게 너무 기분이 좋더군요.
물론 술은 몸에 안좋지만 술을 즐기시거나 피할 수 없는 술자리가 많다면 이온미네랄을 적극 권해드리고 싶습니다.
다들 건강하세요~

미네랄 대학

발행일   2010년 06월 09일 초판 1쇄
                2010년 11월 19일 초판 2쇄
                2015년 11월 25일 초판 3쇄

지은이   송종섭
펴낸이   임병배

펴낸곳   두루원출판사
등록   2004년 12월 3일 제16-3481호
주소   서울시 송파구 올림픽로35가길 11 1002호
전화   080-558-7340
홈페이지   www.mineral-uni.com

ISBN 978-89-956030-1-7